KAI HARTMANN NANCY WENDLER

RAUS AUS DER FÜNF-PROZENT-FALLE

Fokussiere dich auf das, was in deiner Hundeerziehung gelingt

KOSMOS

INHALT

„Es sind nicht die großen Erfolge, die unsere Verbindung zum Hund formen. Es sind die leisen, alltäglichen Momente, in denen wir uns gegenseitig wahrnehmen.“

Zu diesem Buch

Herzlich willkommen – du hältst gerade kein klassisches Hundebuch in den Händen. Dieses Buch ist eine Einladung. Eine Einladung, dich selbst und deinen Hund neu zu sehen und mit den Mythen des Hundelebens aufzuräumen.

»Die größten Veränderungen beginnen mit dem kleinsten Perspektivwechsel.«

Es geht um mehr als Gehorsam, Trainingspläne und Leinenführigkeit. Es geht um dich. Um euch. Und um all das, was zwischen dir und deinem Hund möglich ist.
Vielleicht hast du dich schon einmal bei dem Gedanken ertappt: *„Wieso funktioniert es bei uns nicht? Ich habe doch schon so viel ausprobiert."* Oder: *„Andere schaffen das auch – warum scheitere ich immer wieder?"*
Wir versprechen dir: Es liegt nicht an deinem Hund. Und auch nicht an dir. Es liegt oft an einem kleinen, aber entscheidenden Detail, das wir übersehen: unserem Blickwinkel. Unser Gehirn ist darauf trainiert, Probleme zu erkennen – nicht Erfolge. Diese 5 % an schwierigen Situationen nehmen so viel Raum ein, dass wir die 95 % der schönen, gelungenen Momente nicht mehr sehen. Dieses Buch ist kein Ratgeber, der dir sagt, wie du deinen Hund in fünf Schritten zu einem braven Begleiter machst. Es ist dein Kompass zurück zur Verbindung. Eine Art innere Landkarte, die du neu entdecken darfst – Schritt für Schritt, mit Übungen und echten Geschichten und echter Veränderung.

NEUE WEGE GEHEN

Zwischen den Zeilen findest du nicht nur Trainingsideen, sondern ehrliche Gedanken und den Mut, neue Wege zu gehen. Für dich. Für deinen Hund. Für eure Verbindung. Ein Buch mit einem Herz für unsere wundervollen und individuellen Hunde. Mach dich bereit, denn deine Reise beginnt jetzt.

WILLKOMMEN IN DER FÜNF-PROZENT-FALLE

DEN FOKUS VERÄNDERN
Unsere Hunde geben sich so viel Mühe, unser Herz zu berühren, und wir vergessen oft, dieses Geschenk zu sehen.

Der Blick auf das Problem

Das ist alles ganz schön schwierig? Ja, denn das Problem ist groß. Gar nicht so einfach, oder? Und weißt du warum? Weil wir es durch unsere Aufmerksamkeit ganz groß erscheinen lassen.

Bevor wir uns der Frage widmen, was man verändern kann, möchten wir dir den vorherrschenden Blickwinkel zeigen. Das PROBLEM – so ein schönes Wort, und wenn man sonst nichts zu tun hat, kreiselt man doch gern einmal mit den Gedanken um dieses PROBLEM drum herum. Wir alle haben es, das Problem, wahrscheinlich sogar mehrere. Doch während wir Menschen häufig auf die 5 % schauen, die (vermeintlich) nicht funktionieren, übersehen wir die 95 %, in denen unser Leben, und darin unser Hund, längst glänzt. Diese Zahlen stammen aus unseren jahrzehntelangen Erfahrungen mit vielen Tausenden von Hundefreunden. Und da geschieht oft Folgendes …

DER HUND GLÄNZT IM VERBORGENEN

Es ist immer wieder faszinierend – und fast verrückt –, was wir in unserer täglichen Arbeit mit Hunden und ihren Menschen erleben. Wir begleiten großartige Hunde mit viel Potenzial, die bereit sind, tiefe Bindungen einzugehen. Hunde, die zunächst durch unerwünschtes Verhalten auffallen – sei es Leinenziehen, Unsicherheit oder Ängste – und sich dann doch als wahre Schätze entpuppen. Nach einer intensiven Phase der Veränderung beginnen sie zu strahlen. Sie schauen ihren Menschen an, laufen entspannt an der Leine, wirken gelöst und kooperativ. Das Verhalten, das sich ihre Menschen so sehr gewünscht haben, wird plötzlich Realität. Und genau dann passiert etwas Merkwürdiges: Die Menschen sehen es nicht. Trotz aller sichtbaren Fortschritte bleibt ihre Wahrnehmung auf das Problem fixiert. Statt sich zu freuen, erzählen sie, dass es sicher nur jetzt, in diesem Moment, klappt. Sie können es vielleicht noch nicht glauben und sind völlig überrascht.

Oder, dass der Hund „es nur für uns Trainer“ macht. Gleich gefolgt von: Es liegt an diesem Ort hier. Denn wir treffen unsere Hundefreunde nur im Zauberwald, wo alles plötzlich möglich ist – mit einem Augenzwinkern natürlich. Was dann folgt, ist meist eine Reise in die Vergangenheit: Geschichten darüber, wie schlimm alles sonst ist, die Gedanken und den Blick fest verankert in den ganz schlimmen Dingen. Der Hund hat gezogen, gebellt, sich verweigert – 45 Minuten voller Problemberichte in einer 60-Minuten-Einzelstunde. Bis wir freundlich unterbrechen. Denn irgendwann dürfen wir den Blick neu ausrichten: Der Hund hat

1

1 Hündin Lisbeth ist noch voller freudiger Aufmerksamkeit und der Mensch in sich gefangen.

2

2 So langsam wird Lisbeth unsicher und beginnt, die Verbindung zum Menschen zu lösen.

3 Sie reagiert auf ihre Umwelt und der Mensch ist wieder darin bestätigt, dass der Hund nicht hört. Dabei hat er sie vorher nicht wahrgenommen.

sich längst verändert. Er glänzt. Doch der Mensch sieht es nicht – noch nicht. Mehr noch: Er wartet beinahe darauf, dass der Hund wieder einen Fehler macht. Als läge er innerlich auf der Lauer, bereit zur Korrektur. Das entspannte Gehen an der Leine, das liebevolle Anschauen, die Freude des Hundes – all das wird übersehen. Es ist, als würde das gute Verhalten ausgeblendet, als wäre es bedeutungslos. Und genau das ist das Paradoxe – ja, das Verrückte: Der Hund macht alles richtig. Doch der Mensch bleibt in alten Geschichten, Problemen und Erwartungen hängen.

Es ist, als ob wir in unserer Hundeerziehung ein unsichtbares Hindernis überwinden müssen – das Hindernis der eigenen Wahrnehmung und Erwartungshaltung. Dieses Phänomen begegnet uns immer wieder. Menschen tun sich schwer, den Erfolg ihrer Hunde wirklich anzuerkennen. Die Tendenz, das Negative zu betonen und das Positive auszublenden, ist weit verbreitet. Als hätten wir verlernt, das Gute zu sehen und wertzuschätzen. Doch was passiert, wenn wir den Blick heben – weg vom Problem, hin zum Potenzial? Genau dort beginnt der eigentliche Schatz eurer Beziehung: in den Momenten, die wir viel zu oft übersehen, obwohl sie direkt vor uns liegen. Lass uns diesen Zauber wieder schätzen lernen.

3

Eine misslungene Situation trägt man oft lange mit sich herum. Sie kann den Tag ruinieren.

UNTERSCHÄTZTER REICHTUM DES ALLTAGS

Die Beziehung zu unserem Hund ist eine der emotionalsten überhaupt. *„Schau mal, wie süß mein Hund schläft und laut schnarcht!“* Oder: *„Guck mal, wie der frisst!“* – *„Er schaut immer so süß, wenn er was von mir möchte.“* Wir lieben die Eigenschaften unserer Hunde, die wir bei Menschen oft nicht so charmant finden: das Schnarchen, das Schmatzen, das alberne Spiel und das Glotzen. Und doch: Trotz all dieser liebevollen Erlebnisse bleibt oft das Negative hängen. Eine misslungene Hundebegegnung, ein Bellen im falschen Moment oder das Zerbeißen eines geliebten Sofakissens – sie brennen sich in unser Gedächtnis ein. Die Fünf-Prozent-Falle beschreibt genau dieses Ungleichgewicht.

– Bist du auch schon in die Fünf-Prozent-Falle hineingetappt?
– Hast du dich im Alltag öfter auf das konzentriert, was nicht „funktioniert“ hat – statt die vielen gelungenen Situationen zu feiern?

Negatives wirkt emotional stärker und bleibt länger haften. Doch wenn wir lernen, unsere Aufmerksamkeit bewusst umzulenken, können wir eine erfüllendere und tiefere Verbindung zu unserem Hund aufbauen. Dieses Buch zeigt dir nicht nur die häufigsten Gedankenfallen, sondern wie du dich aus ihnen befreien kannst und wie du dir bewusste Momente schaffen kannst, um deinen Fokus auf das zu richten, was wirklich zählt. Diese kleinen, aber wertvollen Augenblicke sind es, die eure Beziehung nähren.

Positive Erfahrungen sollten unser Herz tragen. Davon brauchen wir leider viel mehr, um uns daran zu erinnern.

Und doch – im Alltag verliert man sie manchmal aus den Augen. Lass uns das anhand eines Beispiels anschauen, das du vielleicht nur zu gut kennst.

Zehn Minuten ruinieren den ganzen Tag

Echt jetzt? Letzte Woche war Brigitte mit ihrem Schäferhund Artus bei uns. Völlig aufgelöst schilderte sie ihren letzten Stadtbesuch: *„Es war die Hölle. Ein Spießrutenlauf!"* Wir wollten es genau wissen. Was war passiert?
Faktenlage: Artus zog beim Aussteigen aus dem Auto zum nächsten Baum, bellte in der Stadt einen kleinen Hund an und winselte vor einem Geschäft, während er warten musste. Alles in allem: etwa 10 Minuten Verhalten, das nicht ideal lief – bei einem insgesamt zweistündigen Stadtbesuch und, wie wir alle ahnen, 24 Stunden eines ganzen Tages. Und wann war das? *„Schon drei Wochen her, aber ich kann es nicht loslassen"*, sagte Brigitte. *„Ich traue mich mit dem Hund in keine Stadt mehr. Mein Mann hatte so die Schnauze voll."*
Genau hier zeigt sich die Falle: Ein kurzer negativer Moment überschattet alles andere. Und dabei ist es doch nur ein kleiner Teil der Realität. Solche Geschichten begegnen uns fast täglich – und sie zeigen eins ganz deutlich: Die Herausforderungen im Zusammenleben mit unseren Hunden kleben an uns wie Kletten – mal gut getarnt, mal offensichtlich, aber immer präsent. Sie haften sich an unsere Gedanken wie feuchte Herbstblätter an die Stiefel – kaum sichtbar, aber schwerer als gedacht.

Zwischen Liebe und Anspruch

Die Verbindung zwischen Mensch und Hund entsteht in den kleinen, echten Momenten: wenn dein Hund um die Ecke lugt, sich verwuschelt auf sein Kissen rollt oder mit seinem besten Freund herumtobt.

In der Erziehung liegt oft die größte Herausforderung: Denn plötzlich knüpfen wir Zuneigung an Bedingungen.
Wir wollen gutes Benehmen, klare Kommunikation und investieren viel Zeit in unser Training. Dabei vergessen wir manchmal, wie schön diese Reise eigentlich ist. Wenn bei uns, also im Hause Wendler oder Hartmann, ein neuer Hund einziehen darf, dann ist das heute pure Vorfreude. Auf das, was kommt. Auf das Kennenlernen. Auf das Zusammenwachsen. Wir fragen uns: Wer ist dieser Hund? Wie wird er sich entwickeln? Was werden wir gemeinsam erleben? Und ja – mittlerweile freuen wir uns riesig auf diesen Weg.

Wenn wir mit Herz führen,
folgt der Hund uns mit Freude.

PURE VORFREUDE WAR NICHT IMMER

Auch wir hatten Zeiten, in denen uns der Einzug eines neuen Hundes eher mit Unsicherheit, vielleicht sogar mit einem leisen Zweifel erfüllt hat. Wo wir dachten: *„Puh, ob das gutgeht?“* Wo die Frage nach dem Wie mehr Raum eingenommen hat, als die Freude auf das Was. Kurzum: Es war

Erziehung bedeutet nicht nur Anstrengung, sondern kann richtig Freude machen.

Stress! Hoffentlich bekommen wir das neben dem ganzen Alltagsgeschehen gut hin, und was ist, wenn …? Heute wissen wir: Die Gedanken sind entscheidend. Und wie du sie gestaltest, macht einen riesigen Unterschied. Zweifelsohne gibt es anstrengende Phasen, doch auch hier kann man lernen, sie mit einem Bewusstsein neu zu bewerten. Was uns natürlich wahnsinnig unterstützt, ist das Wissen und die Gewissheit, dass wir alles in uns tragen, was nötigt ist, um fest mit unseren Hunden zusammenzuwachsen. Und dennoch ist jeder Hund individuell und es funktioniert kein Schema X oder der Einheitsdeckel. Aber es gibt Tricks, die schönen Zeiten strahlen zu lassen und kaum unangenehme Momente zu erleben.

ERZIEHUNG KANN SCHÖN SEIN

Wir möchten dich dazu einladen: Sieh auch die Erziehung als etwas Schönes an, das Freude macht. Das euch verbindet. Das euch zusammen wachsen lässt, damit ihr auch wirklich zusammenwachst. Das Abenteuer wartet auf euch hinter jedem Grashalm!

Die Hundeerziehung ist ein Abenteuer – voller Lernkurven, Überraschungen und Chancen. Dabei sind unsere Hunde meist schneller als wir. Sie sind wahre Anpassungskünstler. Je klarer wir selbst werden, desto schneller folgen sie uns gern. Denn: Hunde wollen mit uns leben – nicht gegen uns, nicht unter uns. Missverständnisse entstehen dann, wenn der Hund nicht versteht, warum wir sein Verhalten unerwünscht finden – und wir nicht wissen, wie wir es ihm sinnvoll erklären.

„Unsere Hunde dürfen alles machen, was sie möchten – außer, wenn sie sich oder andere in Gefahr bringen. Das ist ein klarer Rahmen, der es ermöglicht, dass Hunde wirklich Hunde sein können. Wir lieben es!" – Kai

Was wir von unseren Hunden lernen können? Klarheit. Direktheit. Und das Vertrauen in einfache, ehrliche Kommunikation.
Denn Hunde führen sich untereinander längst so, wie wir es oft mühsam erlernen müssen …

Was unsere Hunde uns voraushaben

Hunde untereinander kommunizieren klar und kompromisslos – aber fair. Sie brauchen keine Bücher oder Stuhlkreise. Sie handeln. Direkt, verständlich und zielgerichtet.

Unser Frodo, der schwarze Australian Shepherd, liebt Ruhe im Haus. Er duldet keine Unruhe in seiner Nähe und sorgt dafür, dass junge Hunde sofort zur Ruhe kommen – durch klare, hündisch verständliche Zeichen. Dann legt er sich ganz ruhig an sie heran und vermittelt Sicherheit. Draußen ist er der Spielkumpel Nummer eins.

Sind wir bereit, von unseren Hunden zu lernen und ihnen zuzuhören, dann beginnt Erziehung nicht bei der Methode, sondern bei der Verbindung. Und genau dort liegt der Schlüssel, nach dem so viele suchen. Wahre Erziehung liegt nicht allein in verschiedenen Methoden, die du starr nach Vorgabe anwenden musst. Sie liegt darin, deinen Hund zu sehen und euch gegenseitig in euren Bedürfnissen wahrzunehmen.

„Wenn du aufhörst, deinen Hund nach Lehrbuchschema F formen zu wollen – und stattdessen bereit bist, mit ihm gemeinsam zu wachsen, dich zu hinterfragen und deine Perspektive zu wechseln –, entsteht die Verbindung, nach der du suchst.“ – Nancy

Frodo – ein echter Charakterkopf.

Doch Theorie wird erst dann lebendig, wenn sie durch echte Geschichten bestätigt wird. Manchmal sind es genau die Geschichten aus dem realen Leben, die uns Mut machen. Deshalb möchten wir dir hier einen Einblick in eine ganz besondere Reise geben – von Verzweiflung zu Vertrauen, von Distanz zu echter Nähe. Eine Geschichte, die zeigt, dass Veränderung möglich ist, auch wenn man selbst fast nicht mehr daran glaubt.

Echte Kerle, mit einer respektvollen und liebenen Verbindung zueinander – Frodo und Bolle.

Christian und Timba
Eine Reise zu echter Verbindung

Liebe Nancy, lieber Kai,
als ihr mit dem Wunsch auf mich zugekommen seid, ein paar Worte für euer neues Buch zu schreiben, hat mich das sehr gefreut und es ist für mich eine echte Herzensangelegenheit.
Unsere gemeinsame Geschichte begann vor mehr als einem Jahr, als ich an einem Punkt war, an dem ich nicht mehr weiterwusste. Timba war damals ein Jahr und acht Monate alt, und ich hatte schon unzählige Stunden in einer Hundeschule verbracht – ohne echte Verbindung zu ihm. Alles fühlte sich falsch an. Bei unserem ersten Termin war ich für Timba praktisch Luft. Nicht einmal mit seinem Lieblingskäse konnte ich ihn erreichen, geschweige denn mit seinem eigenen Namen. Jeder Spaziergang wurde zum Stress. Hundebegegnungen waren ein einziges Desaster, und selbst auf den ersten gemeinsamen Spaziergängen mit euch konnten Timba und ich nur aus großer Entfernung teilnehmen – wild bellend, voller Frust und Hoffnungslosigkeit.
Ich war kurz davor aufzugeben. Doch wie in jeder guten Geschichte kam der Moment der Wende. Nach unserem ersten Termin begann ich mit der 5er Basis. Und tatsächlich – es zeigte sich ein kleines Wunder: erste Veränderungen! Zum ersten Mal hatte ich das Gefühl, dass Timba mich wahrnahm, dass sich eine Brücke zwischen uns bildete.
Fortan investierte ich jede freie Minute in unsere Beziehung. Täglich wiederholte ich die Schritte und Timba wurde immer aufmerksamer. Wir waren noch nicht am Ziel, aber mein Traum rückte näher: Timba sollte entspannt an meiner Seite durchs Leben gehen.
Also machte ich mich immer wieder auf den Weg zu euch. Einzeltrainings, Gruppenspaziergänge – ich wollte alles wissen, alles lernen. Und jedes Mal kehrte ich mit neuer Energie und wachsendem Selbstbewusstsein zurück.
Unsere Bindung wurde stärker. Besonders das Namens- und Bindungsspiel half uns, Vertrauen und echte Aufmerksamkeit aufzubauen. Natürlich verlief die Reise nicht immer gerade. Es gab Rückschläge und dunkle Zeiten, in denen ich nur noch das Negative sah. Aber ihr wart da. Ihr habt mich gelehrt, die Perspektive zu wechseln, Erfolge zu sehen, auch wenn sie klein sind. Ihr habt mir beigebracht,

die Zeit zu stoppen – zu erkennen, dass die schönen Momente überwiegen. Dadurch veränderte sich nicht nur mein Blick auf Timba, sondern auf unser gesamtes gemeinsames Leben.
Heute freue ich mich wie ein Kind, wenn Timba mich auf einem Spaziergang einfach anschaut – ein Augenblick, der früher undenkbar war. Ich habe gelernt, nie die Freude und den Spaß zu verlieren. Und Timba schenkt mir jeden Tag dieses Lächeln, das direkt ins Herz geht.
Durch euch habe ich gelernt, Timba zu verstehen und zu fühlen. Ich weiß jetzt, wie ich ihm Sicherheit geben kann, mit klarer Körpersprache und einer inneren Ruhe, die unsere

Beziehung trägt. Wir sind heute ein echtes Team – verbunden durch Vertrauen, Zuneigung und tiefe Freude an unserem gemeinsamen Weg.
Dank eurer offenen, ehrlichen und motivierenden Art habt ihr nicht nur mir geholfen – ihr habt mein gesamtes Leben mit meinem Hund verändert. Dafür danke ich euch aus tiefstem Herzen.
Ich hoffe, dass noch viele andere Mensch-Hund-Teams durch euch ihre eigene Heldenreise erleben dürfen – getreu dem Motto: „Vom Müssen zum Wollen", oder: „Von nichts kommt nichts."
Euer Christian mit Timba

Christians Geschichte zeigt, wie viel sich verändern kann, wenn man den Mut hat, den eigenen Blick zu verändern – und sich selbst neu zu begegnen. Vielleicht bist du gerade selbst an so einem Punkt. Vielleicht ist da schon eine erste Ahnung, dass du und dein Hund mehr könntet – mehr Verbindung, mehr Leichtigkeit, mehr Freude. Christian ist mittlerweile ein guter Freund für uns geworden und steht repräsentativ für unzählige Menschen, die wir begleiten durften.

Vertrauen beginnt dort, wo das Durcheinander endet und Verbindung wächst.

Die schönsten Momente
mit unseren Hunden sind JETZT.

ÜBUNG: WAS DU WILLST UND WAS DEIN HUND BRAUCHT

Bevor wir tiefer einsteigen, laden wir dich ein, kurz innezuhalten und dich selbst zu fragen: Wo stehe ich heute?
Vielleicht hast du dich in Christians Geschichte ein Stück weit wiedergefunden. Vielleicht ahnst du auch schon: Veränderung ist möglich – wenn du weißt, wo du stehst. Bevor deine Veränderung beginnt, lohnt sich ein ehrlicher Blick auf den Punkt, an dem du gerade stehst. Wir haben dir dazu ein paar Fragen zusammengestellt. Sie sollen dir helfen, dich selbst besser einzuordnen. Spür mal hinein, was bei dir gerade besonders präsent ist.

Nimm dir 10 Minuten Zeit und beantworte folgende Fragen ganz ehrlich:

1. Wann begann deine Reise mit deinem Hund – und warum?

2. Was waren die schönsten Momente?

3. Was waren die schwersten Momente?

4. Was hast du daraus gelernt – über deinen Hund, über dich?

5. Wo willst du hin? Und was wünschst du dir wirklich für euch?

Na, wie sieht's aus bei dir?
Notiere dir deine Antworten – und wenn du am Ende des Buches angekommen bist, dann blättere ruhig noch einmal hierher zurück. Vielleicht erkennst du dann: Die Reise hat längst begonnen – und du bist mittendrin.

DAS WIRD NIE WAS!

Wenn Schubladendenken den wahren Blick vernebelt.

Neulich kam Simone, eine pensionierte Lehrerin, mit ihrem schwarzen Hund Beppo zu uns in die Hundeschule. Und bevor Beppo überhaupt den ersten Pfotenschritt aufs Trainingsgelände gemacht hatte, war eigentlich schon alles klar. Zumindest für die Außenwelt.

Angsthund. Aggressiv. Deprivationsschaden. Untherapierbar.

„Der wird nie normal", raunte es durch die Reihen. Und wir dachten so: *„Aha – spannend, den wollen wir kennenlernen."* Erwartet hatten wir einen riesigen Kerl, massiv und völlig außer der Spur. Denn ganz ehrlich: Diese vielen Etiketten kleben manchmal wie Preisschilder auf einem Flohmarktartikel – und der Hund steht wie im Sonderangebot da, dabei ist er eigentlich ein ungesehener Diamant. Nur eben noch mit Staubschicht. Und da kam er – Beppo wiegt ungefähr 10 Kilo – und drückte sich vorsichtig vom Rücksitz des Autos zu uns vor.

Die liebe Beppo-Besitzerin hatte schon alles gehört:

„Der ist gestört."

„Der ist gefährlich."

„Der braucht ganz strenge Führung!"

Und sie? Sie stand da mit ihrem kleinen Hund an der Leine, völlig verunsichert und tief überzeugt: *„Ich bin das Problem."*

Und genau da liegt das Dilemma: In einer Welt, in der jeder Instagram-Beitrag eine neue Wahrheit über Hundeverhalten verkündet, trauen sich viele Menschen gar nicht mehr, auf ihr eigenes Bauchgefühl zu hören. Da wird hinter jedem Gähnen eine Beschwichtigungsgeste vermutet, jede Kopfbewegung wird interpretiert – und plötzlich fühlt sich Streicheln an wie eine gefährliche Handlung, bei der man erst einmal ein Seminar belegen müsste. Manche Menschen trauen sich kaum noch, ihren eigenen Hund anzufassen – aus Angst, etwas falsch zu machen. *„Ich hab doch schon alles probiert, aber niemand konnte mir helfen …"*

Oft suchen wir für die alltäglichen „Problemchen" eine Erklärung in der Geschichte des Hundes.

Das hören wir oft. Und auch, wenn du schon zehn Hunde hattest – die Welt der Hundeerziehung verändert sich. Früher war der Hund der Arbeiter, heute ist er Familienmitglied. Und mit diesem Wandel darf sich auch unsere Haltung verändern.
Beppo jedenfalls war kein Problemhund. Beppo brauchte nur eines: eine klare, liebevolle Struktur – und eine Besitzerin, die sich wieder selbst vertraut. Und genau daran haben wir gemeinsam gearbeitet. Nicht an Sitz und Platz, sondern an Vertrauen. Nicht an Beppos vermeintlicher „Störung", sondern an Frauchens innerer Haltung. Heute fahren die beiden gemeinsam Fahrrad. Beppo läuft ohne Leine, hat keine Angst mehr, und – Achtung, Spoiler! – war auch nie aggressiv. Er war einfach nur ein kleiner Hund, der völlig überfordert war von der Unsicherheit seiner Bezugsperson.
Wir schreiben dieses Buch nicht, um dir zu sagen, wie es richtig geht. Sondern um dir zu zeigen, wie du zu deinem eigenen Weg findest. Denn Beppo war nie das Problem – und dein Hund ist es ganz sicher auch nicht. Schau immer mal nach, ob du dich selbst gern an dir orientieren würdest. Finde dann heraus, was es braucht, um für dich selbst eine Vertrauensperson zu werden.
Wir wünschen uns, dass du wieder lernen kannst, mehr deiner **Intuition** zu folgen, auf deinen Bauch zu hören. Oder hast du schon mal rückblickend gedacht: *„Hätte ich mal lieber nicht auf mein Bauchgefühl gehört"*? Meist läuft es erst dann gegen die Wand, wenn sich unser Kopf einschaltet.

WARUM DEIN GEHIRN DEN FOKUS VERLIERT

... und wie du ihn zurückgewinnst
Es ist eine zutiefst menschliche Eigenschaft. Wir erinnern uns intensiver und länger an negative Erlebnisse als an positive. In der Psychologie nennt man das Recall-Bias (Erinnerungsverzerrung). Unser Gehirn speichert negative Eindrücke besonders nachhaltig, weil sie evolutionär gesehen

Hunde brauchen keinen Boss, aber sollten ihrem Wesen entsprechend gesehen werden.

Nancy und Frodo: Aus Reibung gewachsen und heute Herz an Herz.

unser Überleben sicherten. Gefahren mussten schnell erkannt und vermieden werden – deshalb wurde unser Gehirn darauf programmiert, Negatives stärker zu verarbeiten als Positives. Doch was uns früher half, Risiken zu meiden, kann uns heute in unserer Beziehung zum Hund im Weg stehen. Denn diese Verzerrung lässt uns leicht vergessen, wie viele schöne und gelungene Momente wir mit unserem Hund erleben. Wenn unser Hund beim Spaziergang nicht hört oder das Lieblingsspielzeug zerstört, bleibt uns das oft länger im Kopf als die vielen Stunden voller Freude, Nähe und Vertrauen. Ein einzelner Rückschlag wiegt schwerer als zehn gelungene Begegnungen. Das liegt nicht daran, dass wir undankbar oder negativ denken – sondern an der Art, wie unser Gehirn funktioniert. So kann es passieren, dass wir nach einem einzigen Fehlverhalten das Gefühl haben, unser Hund „funktioniert nicht“ oder wir seien gescheitert. Dabei ist der Alltag mit Hund meist zu 95 % positiv, wir verlieren nur leicht den Blick dafür.

»Du darfst dir Zeit lassen, um die Kunst der Hundeerziehung neu zu lernen. Es geht nicht darum, Gehorsam zu lehren und als Boss aufzutreten, sondern darum, eine Beziehung aufzubauen.« – Nancy

1

1 Eine unerwartete Hundebegegnung kann puren Stress auslösen.

2 Hunde vergessen unangenehme Erlebnisse oft schnell und sind unbeschwerter als Menschen.

3 Kinder sind intuitiver und leben wie Hunde viel mehr im Jetzt.

WENN DIE STIMMUNG KIPPT

Hunde sind Meister der nonverbalen Wahrnehmung. Sie spüren genau, ob wir angespannt oder gelassen sind. Wenn wir innerlich immer wieder bei den wenigen „Fehlern" hängen bleiben, entsteht Misstrauen anstelle von Vertrauen. Das macht etwas in uns und das kommt dann auch ins Außen über unsere Körpersprache. Die liest der Hund wie aus einem offenen Buch und somit können wir ihn damit auch niemals hinters Licht führen.

2

Beispiel aus der Praxis

Dein Hund hat bei einem Spaziergang laut gebellt, als euch ein anderer Hund entgegenkam. In den nächsten Tagen begegnest du neuen Hunden mit Anspannung, obwohl dein Hund in vielen anderen Situationen völlig ruhig bleibt. Diese angespannte Erwartungshaltung kann dazu führen, dass dein Hund tatsächlich unruhig reagiert, einfach weil er deine Nervosität spürt. Er liest dich wieder, schaut im offenen Buch nach und reagiert. Eigentlich ganz simpel. Diese Fokussierung auf das Negative wirkt sich direkt auf unser Verhalten aus. Wir sind gestresster, reagieren schneller gereizt – und diese Stimmung überträgt sich auf unseren Hund. So geraten Mensch und Hund leicht in einen Teufelskreis: Der Mensch ist frustriert über ein Verhalten, das nicht wie gewünscht klappt. Die eigene Stimmung kippt. Der Hund spürt das, wird unsicher und zeigt womöglich genau das Verhalten, das man vermeiden wollte. Und plötzlich sieht man nur noch Baustellen statt Fortschritte.
Dieser Kreislauf kostet Energie – und vor allem Lebensfreude. Statt in die schönen Erlebnisse zu

3

investieren, drehen wir uns im Kreis um das, was nicht läuft. Negativer Stress wirkt auch körperlich. Wenn wir uns ärgern oder frustriert sind, wird Cortisol ausgeschüttet – ein Stresshormon, das noch lange nachwirkt. Es verändert unsere Stimmung, unsere Wahrnehmung und auch unser Verhalten. So fällt es uns schwerer, in neuen Situationen offen und klar zu reagieren. Stattdessen schleppen wir den Frust aus früheren Situationen mit, der dann wie ein Schatten über neue Begegnungen fällt. Der verzerrte Blick auf das große Ganze lässt die negativen Erlebnisse übergroß erscheinen. Aus einem Hund, der ein-, zweimal nicht gehört hat, wird in unserer Wahrnehmung schnell ein Hund, „der nie hört". Wir stellen uns Fragen wie: *„Warum tut er das?"*, oder schlimmer noch: *„Was mache ich falsch?"* – und übersehen dabei, wie viele Schritte schon gelungen sind. Statt die 95 % der positiven Erlebnisse zu feiern, haften wir wieder mal nur an den 5 %, die nicht rund laufen. Und die Frage ist: Wollen wir wirklich, dass diese 5 % unsere gesamte Beziehung prägen? Wir nehmen das Gute als selbstverständlich hin – und das Schlechte als Drama. Wir beginnen zu kontrollieren, zu korrigieren, zu analysieren. Und plötzlich fühlt sich jede Gassirunde an wie ein Test – statt wie ein Miteinander.

VOM SCHATTEN INS LICHT – ZURÜCK ZUM POSITIVEN

Die gute Nachricht kommt sofort: Wir können diesen Fokus verändern. Es beginnt mit einer bewussten Entscheidung – nämlich der, unsere Wahrnehmung aktiv umzulenken. Wenn du dich regelmäßig daran erinnerst, wie viele Dinge schon gut laufen, wenn du kleine Erfolge feierst und schöne Momente bewusst wahrnimmst, verändert sich nicht nur dein Denken, sondern auch deine Stimmung – und damit die ganze Atmosphäre zwischen dir und deinem Hund. Feire diese Momente immer wie ein kleines Fest. Was du tun kannst: Erkenne die Fünf-Prozent-Falle. Benenne sie. Lächle ihr zu, wenn sie dich erwischt.

Mache dir bewusst: Die meisten Momente sind leicht, liebevoll, voller Nähe. Aber sie schreien nicht. Sie flüstern. Hör hin. Ein Ritual kann helfen: Notiere dir jeden Abend drei schöne Erlebnisse mit deinem Hund, ganz egal, wie klein sie erscheinen. Ein entspannter Blick, ein freudiges Herankommen, ein gemeinsamer Moment der Ruhe. Du wirst schnell merken, wie viel da eigentlich ist. Unser Gehirn ist nicht unser Feind, aber es braucht manchmal eine neue Ausrichtung. Indem wir uns auf das Positive konzentrieren, verändern wir nicht nur unsere Haltung, sondern auch die Qualität der Beziehung zu unserem Hund. Und plötzlich sind die 95 % wieder sichtbar – die, die uns wirklich tragen.

DIE BOHNEN IN DER TASCHE – EIN RITUAL FÜR MEHR FREUDE

Steck dir morgens fünf kleine Gegenstände (z. B. Bohnen, Münzen) in die rechte Jackentasche. Immer, wenn du einen schönen Moment mit deinem Hund erlebst, wandert eine davon in die linke Tasche. Am Abend zählst du. Du wirst staunen, wie viel Schönes an diesem Tag war – wenn du es nur bewusst wahrnimmst.

DIE 95-PROZENT-LISTE: POSITIVE MOMENTE SICHTBAR MACHEN

Ziel: Den Fokus im Alltag bewusst auf das Positive lenken und so die Beziehung zum Hund stärken.

So geht's:

1. Nimm dir eine Woche lang jeden Abend 5 Minuten Zeit.
2. Beantworte schriftlich folgende drei Fragen:
– Was hat heute gut geklappt mit meinem Hund?
– Worüber habe ich mich heute mit ihm gefreut?
– Was ist ein kleiner Fortschritt, der mir vielleicht sonst entgangen wäre?
3. Nutze ein kleines Notizbuch oder dein Handy. Wichtig ist: Bleib konkret. (z. B. „Er kam heute beim Rückruf sofort – obwohl ein anderer Hund da war", statt: „War ein guter Tag.")
4. Nach 7 Tagen: Lies dir deine Liste durch. Freu dich über die gelungenen Momente. Es schärft ganz fix unsere Sinne und macht viel Freude. Probier es einfach einmal aus!

DAS WICHTIGSTE AUF EINEN BLICK

Negatives bleibt länger – das ist normal!

Unser Gehirn speichert negative Erlebnisse intensiver als positive. Das ist ein Schutzmechanismus, kein persönliches Versagen.

Der Fokus formt die Beziehung!

Wenn du dich zu stark auf Rückschläge konzentrierst, wirkt sich das auf deine Stimmung, dein Verhalten und eure gesamte Kommunikation aus.

95 % sind gut – sie verdienen mehr Aufmerksamkeit. Halte bewusst Ausschau nach den positiven Momenten im Alltag mit deinem Hund. Sie sind da, du musst sie nur wieder sehen lernen. Werde zum „Grafen mit den Bohnen in der Tasche".

Stimmung überträgt sich!

Dein Hund spürt deine Haltung. Wenn du Vertrauen und Freude ausstrahlst, reagiert auch er entspannter und aufgeschlossener.

Bewusstsein verändert Verhalten!

Der erste Schritt raus aus dem Teufelskreis ist die bewusste Entscheidung, anders hinzuschauen.

FINDE DEINEN WEG ZUR ECHTEN BEGEGNUNG MIT DEINEM HUND

Blicke darauf, wie du deinen Hund motivieren kannst, mit dir zu kooperieren, und wie du deine Stärken und die deines Hundes nutzen kannst. Somit kann man den Blick von den Schwächen abwenden und das Beste aus allen herausholen. Wenn man nicht mehr nur in den wenigen Momenten der Probleme festhängt, ist man offen dafür, das eigene Potenzial und das des Hundes zu erkennen und gezielt zu fördern. Erziehung ist mehr als ein notwendiges Übel, sondern eine Chance, über sich hinauszuwachsen, ein Vorbild zu sein, sich selbst zu hinterfragen und transparent zu werden. Denn nur ein Hund, der wirklich weiß, was man von ihm möchte, wird Regeln einhalten lernen. Dazu ist Transparenz ein wesentlicher Bestandteil. So wird aus Unsicherheit Stärke, aus Rückschlägen Lernchancen, und aus „Problemhunden“ und „Problemmenschen“ werden Partner auf einer gemeinsamen Reise.

»Finde heraus, mit welcher Einstellung im Bereich der Hundeerziehung du dich wohlfühlst und wie du zu einer Person wirst, an der du dich selbst gern orientieren würdest. Es gibt eben nicht nur den einen Weg. Es gibt nur deinen Weg.« – Kai

Bist du dir selbst treu, folgt dein Hund dir auch gern.

DEIN HUND,
DEINE SICHT,
DEINE NEUE
LANDKARTE

AUFMERKSAM MIT ALLEN SINNEN
Hunde nehmen ab der ersten Sekunde alle Informationen auf, die sie umgeben.

Wie dein Hund wirklich versteht und lernt

Jetzt, da du weißt, wie sehr dein Blick das Miteinander mit deinem Hund beeinflusst, wollen wir einen Schritt weitergehen. Wir schauen uns an, wie dein Hund eigentlich lernt – und wie du seine Motivation besser verstehen und nutzen kannst.

Die meisten Verhaltensänderungen beginnen nicht mit Korrektur, sondern mit dem Verständnis dafür, wie Lernen funktioniert und wie du es gezielt nutzen kannst. Denn alles, was dein Hund gerade an Verhaltensweisen zeigt, hat er sich durch selbstständiges Lernen beigebracht. Auch wenn es nicht deinen Vorstellungen entspricht.

LERNTHEORIE UND MOTIVATION VERSTÄNDLICH GEMACHT

Es ist im Prinzip total einfach: Hunde zeigen Verhaltensweisen öfter und regelmäßig, wenn sich genau dieses Verhalten aus irgendeinem Grund für sie als lohnenswert darstellt. Logisch, oder? Hinter jedem Verhalten steckt ein Nutzen für deinen Hund. *„Und was soll das sein, wenn er pöbelnd in der Leine hängt?"*, fragst du dich jetzt vielleicht. – Das wissen wir nicht, aber wir können mutmaßen, er hat Spaß daran oder er freut sich, dass der andere kommt, oder er ist sauer, dass der andere kommt. Meistens liegt es daran, dass der Hund mit dem Leineziehen zum Erfolg kommt: Der andere verschwindet oder der andere darf mal schnuppern. Hauptsache, Ziel erreicht. Und jeder Keks ist weniger wert als das Adrenalin und Dopamin, das den Körper deines Hundes in solchen stressigen Momenten durchfließt. Dennoch kannst du dir das zunutze machen. Wir wollen ja den Blick auf die 95 % der guten, wünschenswerten Erlebnisse richten. Wenn dein Hund nämlich etwas tut, das du richtig fantastisch findest, dann sollte in dem Augenblick – nicht danach, Timing ist wichtig! – etwas von dir dazukommen, das ihm ein richtig gutes Gefühl gibt.

Du setzt also auf das Megaverhalten noch etwas Tolles obendrauf. Gleichzeitig sollte jetzt keinesfalls etwas passieren, das er als unangenehm empfindet. So hat er den größtmöglichen Nutzen von diesem Verhalten – und wird es künftig öfter zeigen. Denn das lohnt sich ja auch für deinen Hund.

Das Verständnis ist so wichtig, weil du ab jetzt beobachten kannst, weshalb dein Hund gewisse Verhaltensweisen verstärkt hat, obwohl du es

Für die meisten sind Hundebegegnungen die größte Herausforderung.

nicht bewusst gefördert hast. Dein Hund lernt viel mehr Dinge unbewusst als im präsenten Training. Wenn wir also nicht zu Hause im Alltag mit den Kleinigkeiten beginnen, dürfen wir in der Hundebegegnung keine Wunder erwarten.

Warum bellen unsere Hunde nie am Gartenzaun?

Ganz einfach – weil sie es nie gelernt haben und nie einen Erfolg für sich daraus ziehen konnten. Wenn wir im Garten sind, dann immer gemeinsam. Sobald ein Spaziergänger, ein Hund oder eine Katze kamen, wurden unsere Hunde mit Sichtung des Reizes mit einem Spiel bei uns belohnt. Denn kein Hund kommt auf die Welt und weiß, dass man am Zaun randalieren kann; jeder bringt es sich durch Spaß am Erfolg allein bei, wenn er die Möglichkeit dazu hat. Wie kannst du deinen Hund also freudig belohnen, und zwar so, dass es auch ankommt? Das ist manchmal eine Herausforderung, da du die Motivation deines Hundes dazu kennen musst.

»Wenn wir in den leisen Momenten des Alltags beginnen, unseren Hund bewusst wahrzunehmen, dann dürfen wir auch in der Hundebegegnung Wunder erwarten.« – Nancy

Mythos 1:

Mein Hund mag draußen keine Nähe

„Der mag das einfach nicht!“ Diese Aussage hören wir oft. Viele Menschen glauben, ihr Hund sei draußen nicht der Typ für Nähe. Kein Streicheln, keine Berührung, keine körperliche Zuwendung.

Fehlende Aufmerksamkeit führt zu Missverständnissen im Alltag.

Doch was wäre, wenn wir dir sagen: Das stimmt so nicht? Ein Hund, der sich drinnen gern streicheln lässt, zeigt damit sehr klar: Er mag Berührung – wenn er mental dafür bereit ist. Draußen ist das Problem oft nicht das Streicheln selbst, sondern die Welt drum herum. Zu viele Reize, zu wenig Fokus, keine emotionale Verbindung. Und genau deshalb empfinden viele Hunde Lob in Form von Berührung draußen nicht als angenehm – weil es sie in einem Moment trifft, in dem sie gar nicht aufnahmefähig sind. Aber das lässt sich ändern. Denn was viele vergessen: Lob ist keine Pflichtübung. Es darf ehrlich, klar und vor allem passend zum Moment sein. **Eine wunderbare Möglichkeit, deinem Hund Nähe draußen wieder positiv zu zeigen, ist das Kontaktliegen. Dabei geht es nicht ums Training, sondern darum, einfach gemeinsam zu ruhen – auf einer Wiese, einer Bank, am Waldrand.** Und wenn dein Hund dort zur Ruhe kommt, kannst du ihn leise streicheln, beobachten, wie er reagiert – und lernen, wann Lob wirklich ankommt.

WENN DEIN LOB ZUR LAST WIRD

Lob ist wichtig – aber es ist nur dann wirksam, wenn es beim Hund auch wirklich als Lob ankommt. Oft meinst du es gut, streichelst deinen Hund übers Gesicht oder sprichst ihn überschwänglich an, weil er gerade etwas so toll gemacht hat. Doch nicht selten passiert das Gegenteil: Der Hund duckt sich, wendet sich ab oder bleibt auf Distanz. Das Lob wechselt die Seiten – vom gut gemeinten Zuspruch zur unangenehmen Erfahrung. Besonders häufig passiert das bei Berührungen. Menschen greifen ihrem Hund freudig über den Kopf – ein Griff, den viele Hunde eher als bedrohlich empfinden. Oder sie beugen sich zu sehr über den Hund, sprechen mit hoher Stimme und berühren ihn hektisch. Was beim Menschen als Zuneigung gemeint ist, kommt beim Hund nicht als Lob, sondern als Stress an. Lob soll belohnen, Sicherheit geben, Verbindung stärken. Doch all das funktioniert nur, wenn es sich für den Hund auch wirklich gut anfühlt. Und das kannst du sehen:

– Ein Hund, der echtes Lob genießt, wendet sich dir zu, bleibt in deiner Nähe, wedelt locker, wirkt offen und freundlich.

– Ein Hund, der das Lob nicht mag, geht auf Distanz, wird klein oder dreht den Kopf weg.

1

2

1 Border Collie Bolle wendet sich deutlich ab.

2 Der Hund zeigt Unsicherheiten durch die Handlungen des Menschen, ist geduckt und angespannt.

»Lob ist nur Lob, wenn es beim anderen als solches ankommt.« – Kai

Eine offene, leicht nach hinten gelehnte Körperhaltung lässt Hündin Lisbeth näherkommen.

Und was passiert, wenn dein Hund etwas tut, das gefährlich sein könnte oder einfach gar nicht geht? Auch hier hilft das Prinzip der Motivation. In solchen Situationen sollte nichts Angenehmes passieren – und das, was er gerade unbedingt wollte, bleibt aus. Das Verhalten bringt ihm also keinen Gewinn. Die Folge: Er zeigt es seltener oder löscht es ganz.
Klingt logisch? Ist es auch – wenn du weißt, was bei deinem Hund gute Gefühle auslöst und was nicht. Und genau da liegt der Schlüssel: Nimm dir kurz Zeit und beobachte deinen Hund bewusst. Das zeigt dir, was deinen Hund motiviert – und was nicht. Was liebt er? Was bringt ihn zum Strahlen, zum Lachen (ja, auch Hunde lachen)?

Die Lösung? Beobachte deinen Hund genau

Finde heraus, was für ihn Lob wirklich bedeutet. Vielleicht ein Kraulen an der Brust, ein echtes Lächeln von dir mit einem Augenzwinkern, oder ein freudiges Laufspiel. Oder doch Futter – still und freundlich gegeben. Wenn du das verinnerlichst, wirst du merken: Dein Hund reagiert freudiger, bleibt mehr bei dir, fühlt sich verstanden. Und genau das ist der Anfang von echter Verbindung – auf Augenhöhe.

Was findet er eher blöd, unangenehm oder meidet er?

Hast du das verstanden, kannst du sein Verhalten gezielt lenken und verstärken, was du dir wünschst. Viel Freude beim Beobachten, Notieren und vielleicht auch beim ganz neuen Entdecken deines Hundes!

Gemeinsamkeit entsteht dort, wo klare Strukturen, Ruhe und Wohlbefinden geschaffen werden.

HUNDE VERSTEHEN – BEWUSST NUR POSITIV

Wenn du deinen Hund wirklich verstehen willst, weiß du jetzt: Lernen funktioniert nicht einseitig. Es gibt immer vier Teile, vier Quadranten, vier Möglichkeiten, wie Verhalten beeinflusst wird. Und ja – alle vier haben ihre Berechtigung. Ein Hund lernt nicht nur durch Belohnung. Genauso wenig, wie ein Mensch nur durch Lob gesteuert wird. Es braucht Klarheit, Struktur und auch mal ein „Nein". Das gehört zur Beziehung mit Hund dazu.

Aber: Wir haben uns ganz bewusst dazu entschieden, den positiven Teil einmal herauszupicken. Nicht, weil er besser ist, und auch nicht, weil er genügt. Sondern weil er oft falsch verstanden wird und viel zu kurz kommt. Denn was passiert, wenn der Rückruf nicht klappt? Wir ärgern uns. Was passiert, wenn die Leine spannt? Wir kritisieren. Und wenn der Hund einfach mal ruhig neben uns läuft? Dann merken wir es oft nicht mal – das ist dann das schwäbische Modell „Nicht gemeckert ist Lob genug". Unser Fokus liegt automatisch auf dem, was nicht läuft; das ist menschlich. Aber es ist auch schade. Denn genau da geht Beziehung verloren. Rein positive Hundeerziehung wird in unseren Augen oft falsch gedacht. Verhalten stetig nur umlenken, klickern und Grenzen bewusst ignorieren, führt dich nicht zum Erfolg – maximal zum hemmungslosen Vierbeiner. Doch hier drehen wir den Spieß um.

Lasst uns einmal ganz bewusst die positiven Momente gestalten, herbeiführen und selbst kreieren! Nicht abwarten, bis sie zufällig auftauchen und wir sie dann übersehen.

Übungen, die gut laufen – weil sie durchdacht sind. Situationen, in denen der Hund mit dir gemeinsam bewusst Freude spüren kann. Und das Wichtigste dabei: Lasst sie uns in deinen Alltag so integrieren, dass sie zur Gewohnheit werden, fernab vom Hundeplatz, dafür mitten in deinem Leben mit Hund.

Bevor wir tiefer in die Welt der praktischen Übungen eintauchen, möchten wir dir noch etwas Wichtiges mitgeben. Denn vielleicht fragst du dich an dieser Stelle: Woher wissen die eigentlich, dass das alles wirklich funktioniert? Dass ein Hund sich freiwillig orientiert, dass Spiel Bindung stärkt, dass Beziehung nicht durch Lautstärke, sondern durch Klarheit entsteht? Und wie kommen wir eigentlich dazu, dir all unsere Gedanken über den Wohlfühlbereich, über Führung ohne Kontrolle und über Lernen in Beziehung mitzugeben?

Verbindung beginnt im Kleinen, wenn wir positive Momente bewusst gestalten. Gerade die Kleinsten sind dabei ein Vorbild.

Zwischen Ausbildung und echter Be-/Erziehung

Kais Geschichte

Reicht es, sich mit Lerntheorie auszukennen, um eine alltagstaugliche Hundebeziehung zu gestalten? Gute Frage. Und warum haben wir überhaupt die Kompetenz, dir diese Übungen mit auf den Weg zu geben? Ganz einfach: Weil wir sie nicht nur entwickelt, sondern selbst erlebt haben. Die Antwort steht nicht in irgendeinem Lehrbuch. Theorie ist wichtig, aber erst das Erleben macht sie greifbar.

Schritt für Schritt zurück ins neue Leben

Ich – Kai – möchte dir deshalb meine eigene Geschichte erzählen. Denn sie zeigt, warum Lerntheorie zwar eine starke Grundlage ist, aber erst durch echte Beziehung zum Leben erwacht. Es gab eine Zeit in meinem Leben, da stand ich am Abgrund. Ein schwerer Bandscheibenvorfall, mehrere Operationen – und das Gefühl, in einem Tunnel festzustecken. Als ich endlich wieder Licht am Ende dieses Tunnels sah, war mir eines klar: Ich wollte einen Hund. Und ich wollte Rettungshundeführer werden. Gesagt, getan. Mein erster Hund Santa wurde mein Rettungshund. Er fand vermisste Menschen, arbeitete fokussiert und zuverlässig im Einsatz. Aber im Alltag war Santa kaum händelbar: Er zog wie verrückt an der Leine, bellte den Postboten an, schrie im Auto und dekorierte meine Wohnung nach eigenem Geschmack um. Als dann ein zweiter Hund dazukam, war das Chaos perfekt. Doppelt so viel Zug, zehnmal so laut, hundertmal so anstrengend. Ich musste erst erkennen, dass Ausbildung nicht Erziehung ersetzt. Ausbildung vermittelt Aufgaben, Abläufe, Kommandos. Aber Erziehung formt Beziehung, Alltagstauglichkeit und Miteinander. Beziehung entsteht nicht durch Drill, sondern durch Dialog. Diese Erkenntnis hat mein ganzes Leben verändert. Doch obwohl ich all das verstand, fiel es mir schwer, es anderen zu erklären. Immer wieder sprachen mich Menschen an: *„Wow, dein Hund hört ja super! Kannst du mir zeigen, wie das geht?"* Und obwohl ich wusste, was ich tat, fehlten mir oft die klaren Schritte – ich erklärte ewig, brachte 100 Beispiele, aber die Umsetzung fiel den Menschen schwer. Ich konnte es einfach nicht in eine klare Sprache übersetzen.

Und dann kam Nancy

Nach einigen Jahren als Hundetrainer traf ich Nancy. Sie kam mit Frodo zu mir – mit einem wachen Blick und einem klaren Ziel. Sie kam als Kundin, arbeitete in der Schule als Lehrerin und wurde gleichermaßen meine Lehrerin. Sie brachte Ordnung

in mein Chaos, Struktur in mein Denken und Worte für das, was ich längst fühlte, aber nicht greifen konnte. Diese Begegnung machte unseren Job zur Berufung. Und aus all unseren Erfahrungen entstand ein Konzept, das mehr ist als Training: Es ist eine Haltung – eine, die Theorie und Herz zusammenbringt. Eine, die nicht nur erklärt, sondern begleitet. Ich habe mich ins Leben zurückgekämpft – nicht, um wieder zu funktionieren, sondern um endlich das zu tun, was mich erfüllt: mit Hunden sprechen, sie verstehen und dieses Wissen weitergeben. An Menschen, die nicht täglich die Zeit oder Kraft haben, sich durch das Dickicht der Hundekommunikation zu kämpfen – aber einen tiefen Wunsch im Herzen tragen: mit ihrem Hund glücklich zu sein.

Als ich verstand, dass klare Strukturen nicht nur ein Training sind, sondern im Alltag Sicherheit bieten, haben sich meine Hunde freiwillig an mir orientiert.

Nancys Geschichte

Rückgabe des Beamtenstatus
„Ich habe den Beamtenstatus zurückgegeben, und das war genau richtig so." – Nancy
Ja, du hast richtig gelesen. Ich habe meinen Beamtenstatus zurückgegeben. Ich war Lehrerin – verbeamtet, sicher, mit Perspektive und allem Drum und Dran. Und dann habe ich mich entschieden, all das loszulassen. Nicht, weil ich die Schule gehasst hätte, im Gegenteil. Ich habe gern mit Kindern gearbeitet und hatte meine Hunde leidenschaftlich gern mit dabei im Unterricht. Aber tief in mir wusste ich irgendwann: Das ist nicht mehr mein Weg. Heute bin ich zwar immer noch ab und zu an Schulen unterwegs, aber nicht als Lehrerin, sondern als Besucherin mit meinen Hunden, als Herzöffnerin mit Fell – für eine kleine Auszeit vom System. Und jedes Mal, wenn ich sehe, wie meine Hunde den Raum verändern, wie sie Kinder zum Strahlen bringen, wie Lehrkräfte plötzlich aufatmen, dann weiß ich: Ich bin genau richtig da, wo ich heute bin. Denn ich habe mich entschieden, mein Leben mit und für meine Hunde zu gestalten. Ich wollte nicht mehr zwischen Klassenbuch und Konferenzen hin und her hetzen, während meine Hunde zu Hause warten. Ich wollte raus aus dem Funktionieren und rein in das, was mich erfüllt. Und das tue ich jetzt, jeden einzelnen Tag. Ich könnte dir nun im Detail erzählen, wie ich an diesen Punkt gekommen bin, was alles schiefgelaufen ist, was wehgetan hat, wie ich mich daraus befreit habe. Und ein Stück weit tue ich das in diesem Buch. Aber vor allem will ich dir zeigen, was du tun kannst, um diesen Punkt für dich zu erreichen. Denn das, was ich heute mit meinen Hunden lebe – das ist kein Zufall und kein Glück. Das ist aufgebaut, bewusst gestaltet, durchlebt, hinterfragt, nochmal umgebaut und heute: einfach stimmig.
Ich habe keine Konflikte mehr mit Frodo und wusste sofort, wie ich meine anderen jungen Hunde zu meinen Partnern machen kann. Und nein, das bedeutet nicht, dass meine Hunde plötzlich Everybody's Darling sind. Es heißt, dass wir uns kennen. Dass wir ein tiefes Band haben aus Vertrauen, Respekt, Klarheit und Liebe. Jeder von uns weiß, wo er steht. Es gibt keine Diskussionen, keine Machtkämpfe, keine Unsicherheiten mehr. Wir haben unseren Rahmen gefunden – und darin sind wir frei. Wir streiten nicht. Wir

diskutieren nicht. Wir müssen nichts beweisen. Wir sind einfach glücklich. Und das wünsche ich dir auch.
Und glaub mir: Meine Hunde sind jeden Tag gleich. Verlässlich. Stabil. Klar. Die Einzige, die manchmal schwankt, bin ich – aber meine Hunde verzeihen mir das. Weil sie wissen, wie ich ticke. Weil ich gelernt habe, ihnen zuzuhören. Und weil sie spüren: Ich bin bei ihnen. Und genau das wünsche ich dir: Dass du mit deinem Hund an einen Punkt kommst, wo Vertrauen und Verbindung so stark sind, dass du jeden Tag aufs Neue sagen kannst: *„Ich habe keinen besseren Platz als genau hier."*

Es brauchte viel Mut, den sicheren Job aufzugeben, um seiner Leidenschaft zu folgen. Doch es hat sich gelohnt.

THEORIE TRIFFT ALLTAG

Doch Theorie allein verändert nichts – erst wenn du beginnst, das Wissen mit Leben zu füllen, wird es kraftvoll. Deshalb werfen wir nun einen Blick auf den Alltag: auf die Herausforderungen zwischen Wunsch und Wirklichkeit. Auf das Spannungsfeld zwischen Erziehungsstil und echter Verbindung. In der Welt der Hundeerziehung zeichnen sich zwei Hauptströmungen ab. Auf der einen Seite stehen die Vertreter eines rein positiven Ansatzes, die darauf abzielen, unerwünschtes Verhalten nicht in den Vordergrund zu stellen und stattdessen positive Verstärkung verwenden. Auf der anderen Seite finden wir die Befürworter patriarchalischer Erziehungsmethoden, die oft laut und dominant auftreten und dem Hund von oben herab Vorschriften machen wollen.

Während sich beide Lager mittlerweile im offenen Social-Media-Kampf um ihr Recht befinden, halten wir uns da gern zurück und sind der Überzeugung, dass lerntheoretisch nur eine Variante wirklich funktioniert, nämlich die der Balance zwischen den Extremen. Leise. Klar. Und ohne Bestechungskeks. Aus unserer Erfahrung wissen wir: Rein positiv führt oft zu Hemmungslosigkeit und Überforderung, rein dominant oft zu geduckten Befehlsempfängern. Hunde brauchen etwas anderes: Orientierung mit Herz und Haltung. Und vor allem: alltagstaugliches Wissen, das man auch umsetzen kann – nicht nur diskutieren.

McDreamy und Lisbeth

Die goldene Mitte – Orientierung statt Extreme

Für uns ist es selbstverständlich: Unsere Hunde dürfen Freude an der Zusammenarbeit mit uns haben. Und sie

Gemeinsamer Spaß stärkt die Achtsamkeit füreinander.

brauchen auch Struktur und Führung. Unsere Haltung sollte den Hund motivieren und dennoch einen klaren Rahmen abstecken. Und das gelingt nur, wenn wir das Gesetz der Polarität verstehen: Grenzen und Freiheit gehören zusammen wie Tag und Nacht, wie Licht und Schatten. Wie können wir also die Stärken eines Hundes nutzen, um das Beste aus ihm herauszuholen, ohne sein Wesen zu verbiegen oder ihn in ein System zu pressen?

Orientierung braucht Klarheit – nicht Lautstärke

Eine gute Führung zeigt sich nicht durch Lautstärke oder Dominanz, sondern durch Verlässlichkeit, Präsenz und transparente Kommunikation. Zeig deinem Hund, was du wirklich willst – nicht durch Wiederholung, sondern durch Klarheit.

»Zeigst du deinem Hund nicht, was du von ihm willst, wird er irgendwann zeigen, was er selbst will.« – Kai

Kommen wir zu weiteren großen Mythen der Hundewelt und wir möchten dir erklären, was es damit wirklich auf sich hat. Mal sehen, ob du schon in eine dieser Fallen getappt bist. Kennst du das? Dein Hund weiß genau, was er tun soll, und macht es einfach nicht? Der versteht genau, was du von ihm möchtest, aber er will dich ärgern – stimmt's?

Mythos 2:

Mein Hund macht das mit Absicht!

Er weiß ganz genau, was du willst, und denkt sich: *„Ach nö, heute nicht. Ich provozier dich lieber ein bisschen. Mal sehen, wie rot dein Kopf diesmal wird."*

1

Klar – dein Hund sitzt abends heimlich mit einem Notizblock im Körbchen und plant seine nächsten Trotzattacken. Quatsch, natürlich nicht. Und doch – genau dieser Gedanke schleicht sich bei vielen irgendwann ein: *„Der weiß doch, was er machen soll. Der will mich nur ärgern!"* Und mal ehrlich: Wer hatte diesen Gedanken nicht schon mal? Aber die Wahrheit ist eine andere: Hunde sind keine kleinen Quertreiber mit Rachegelüsten. Sie sind Beziehungstiere, die situativ handeln – nach dem, was ihnen gerade sinnvoll, sicher oder vertraut erscheint. Wenn dein Hund nicht macht, was du sagst, liegt das in den seltensten Fällen am „Wollen", sondern meistens am „Verstehen". Oder eher am Nichtverstehen.

„Dein Hund ist nicht stur, sondern eure Verständigung ist gestört." – Nancy

Und damit landen wir direkt beim nächsten, wichtigen Thema: Präzise Kommunikation. Denn auch wenn du ein Kommando klar aussprichst – was kommt bei deinem Hund wirklich an? In welchem Kontext hast du es ihm beigebracht?

PRÄZISE KOMMUNIKATION MIT DEINEM HUND

Klare Kommunikation ist das Fundament jeder erfolgreichen Hundeerziehung. Doch wir Menschen neigen dazu, für ein und dieselbe Sache viele verschiedene Wörter zu verwenden. Für den Hund ist das hochgradig verwirrend – er kann unsere verbale Flexibilität nicht mit uns teilen. Ein Beispiel: Wenn du möchtest, dass dein Hund aufhört, etwas zu tun – z. B. am Tisch zu betteln oder im Müll zu wühlen –, und du wechselst ständig zwischen „Nein", „Pfui", „Lass das", „Hör auf", „Aus jetzt", „Nicht", „Ende" oder „Ey", dann kann dein Hund beim besten Willen keine klare Verknüpfung herstellen. Ein einziger, konsequent eingesetzter Begriff wäre viel effektiver – z. B. „Ende". Wenn dein Hund diesen Begriff verlässlich in exakt diesem Kontext hört, kann er lernen, was du meinst.

Verknüpfst du diesen Moment mit einem positiven Gefühl – Lob, Spiel, Nähe – dann lernt dein Hund nicht nur, was du meinst, sondern auch, dass sich das Einhalten für ihn lohnt.

Dieser eine Begriff wird mit der Handlung verknüpft, und der Hund kann sich viel schneller und einfacher darauf einstellen. Es gibt weniger Verwirrung, und der Hund lernt klar und deutlich, was von ihm erwartet wird.

Dieses Wort können wir ganz nebenbei mit einführen, wenn der Hund gerade mit etwas aufhört: Hört er das Wort „Ende" und es folgt etwas, was ihm ein gutes Gefühl gibt – schwups verknüpft. Passt das Lob dazu noch zu seinem Motivprogramm – Jackpot.

2

1 Bolles Plan für heute: Kai ärgern und dann schnell wegrennen.

2 Einfache und klare Wörter, verknüpft mit einer Handlung, machen dich für deinen Hund verständlich.

Genauso funktioniert das leider auch andersherum – Beispiel Rückrufsignal. Das Wort „Komm" wird im Alltag häufig inflationär genutzt: *„Komm, wir gehen Pipi", „Komm, da lang", „Komm, wir fahren los."* Kein Wunder, dass der Hund irgendwann nicht mehr zuverlässig reagiert, wenn es wirklich zählt. Meist verknüpft dein Hund das „Komm" mit einer Situation, in der er gerade irgendwo geschnüffelt hat und mit den Gedanken ganz woanders war. Aber nicht damit, schnellstmöglich zu dir zu rennen, sondern eher als Störung seiner genussvollen Aktivität. Präzise kommunizieren bedeutet: Ein Signal – eine Bedeutung. Immer. Und so wenig wie nötig. Auch klanglich ähnliche Worte („Nein" und „Fein") können den Hund irritieren. Und denk daran: Die Tonlage zählt mit. Hunde hören auf das, was gelernt wurde – nicht auf Lautstärke. Ein Stopp kann freundlich klingen – solange es klar gelernt und verknüpft ist.

1

VORTEILE PRÄZISER KOMMUNIKATION

Klarheit: Dein Hund weiß genau, was du von ihm willst.

Vermeidung von Verwirrung: Du reduzierst die Anzahl der Begriffe und erleichterst es deinem Hund, sich zu orientieren.

Bessere Lernerfolge: Gleicher Begriff, gleiche Bedeutung - das macht Lernen effektiv und nachhaltig.

Weniger ist mehr

Sprache soll Orientierung geben – nicht verwirren. Klarheit, Konsistenz und bewusste Reduktion schaffen Sicherheit und stärken eure Bindung. Das bedeutet nicht, dass du nicht mit deinem Hund reden darfst – ganz im Gegenteil. Erzähle ihm ruhig von deinem Tag, lies ihm was vor, wenn dir danach ist. Wichtig ist nur: Wenn es ernst wird, sollte deine Sprache eindeutig sein. So versteht dich dein Hund, und das stärkt euer Miteinander.

BIST DU WIRKLICH FAIR? GERECHTE FÜHRUNG AUS HUNDESICHT

Selbst wenn deine Worte klar sind – bleibt noch eine wichtige Frage: War deine Erwartung auch fair oder könnte es sein, dass dein Hund wirklich nicht weiß, was du möchtest? Denn was nützt die schönste Kommunikation, wenn dein Hund gar keine Chance hatte, zu verstehen, was du eigentlich willst? Und genau hier schauen wir genauer hin.

2

1 Das Wort „Komm“ hat oft viele Bedeutungen: „Komm, wir gehen los“,

2 „Komm zurück“ als Rückrufwort,

3 „Komm mal weg da und hör endlich auf zu schnüffeln“.

»Du kannst im Ernstfall nur das abrufen, was du im Alltag verinnerlicht hast.« — Nancy

3

Erwartungen & Realität – Fairness beginnt im Kleinen

Wurde das, was du möchtest, deinem Hund überhaupt so vermittelt, dass er es auch leisten kann – oder war es nur in deinem Kopf längst klar? Übung macht den Meister, auch im Zusammenleben mit Hund, denn Alltagssicherheit entsteht nicht durch Zufall. Viele Hundehaltende sagen: *„In der Hundeschule klappt alles, aber zu Hause funktioniert es nicht.“* Und ganz ehrlich – das ist nicht überraschend. Denn: In der Hundeschule bist du vorbereitet. Du hast die Leine parat, bist aufmerksam, fokussiert. Du weißt, es wird gleich eine Übung stattfinden. Du bist präsent. Aber im Alltag? Da kommt die Situation plötzlich: Der Nachbarhund steht um die Ecke, dein Hund sieht ihn zuerst – und schon ist es zu spät.

Die Beziehung zu unseren Vierbeinern ist oft von unausgesprochenen Erwartungen geprägt. Oft setzen wir voraus, dass unsere Hunde in jeder Situation sofort wissen, wie sie sich verhalten sollen. Doch wie oft haben wir diese Situationen tatsächlich schon durchlebt und unseren Hunden ohne die hohe Last des Alltags gezeigt, was wir uns von ihnen wünschen? Zu oft verlangen wir von ihnen Verhaltensweisen, die sie in der Praxis noch nie ohne Ablenkung oder Stress erlebt haben.

Extremsituationen im Alltag

Ein Jogger nähert sich schnell und unerwartet, der Erzfeind steht uns plötzlich gegenüber oder ein anderes Tier springt wild ins Blickfeld. In diesen Momenten verlangen wir von unseren Hunden, ruhig zu bleiben, sich an uns zu orientieren und gehorsam an unserer Seite zu sitzen. Doch: Wie sollen sie das leisten, wenn sie nie eine Chance hatten, diese Situationen mit uns in Ruhe zu üben? Wenn wir ihnen nie die Möglichkeit gegeben haben, dieses Verhalten in stressfreier Umgebung überhaupt erst zu verinnerlichen? Dabei vergessen wir allzu leicht: Hunde können keine Gedanken lesen. Sie reagieren auf das, was wir ihnen zeigen – und wie wir es zeigen. Wenn unsere Signale in stressigen Momenten undeutlich, untrainiert oder widersprüchlich sind, führt das zwangsläufig zu Missverständnissen. Der Frust ist dann auf beiden Seiten vorprogrammiert. Fair zu sein bedeutet also: Den Hund gut vorzubereiten, statt ihn zu überfordern. Es bedeutet,

Sich gegenseitig verstehen lernen, beginnt in ruhiger Umgebung.

»Vertrauen und Respekt erarbeitet man sich in der Ruhe, nicht im Extremfall!«

— Nancy

Echte Partnerschaft wächst erst einmal ohne Ablenkung, bevor sie dann im Alltag gefestigt wird.

ihm Schritt für Schritt beizubringen, wie er sich verhalten soll – in einem Rahmen, den er bewältigen kann. Das erfordert Geduld, Verständnis und vor allem: einen Plan. Nur so kann ein Hund in der Realität bestehen – und genau hier setzen wir an.

Weg von den 5 % – hin zur echten Partnerschaft

Um hier nicht wieder nur die 5 % des Tages zu verurteilen, in denen es mal wieder nicht nach Bilderbuch funktioniert hat, schauen wir uns lieber an, was wir tun können, um die schönen Seiten des Hundelebens zu vermehren – und am Ende einen echten Partner an unserer Seite zu haben. Dazu gehört auch, dass wir bewusst den Blick auf das Positive richten: Was klappt denn schon richtig gut? Wie sieht unsere Wunschvorstellung aus? Und was können wir tun, um genau davon mehr zu bekommen? Was wir im Alltag häufig beobachten, ist ein Denken in Extremen: *„Wenn es drauf ankommt, MUSS es klappen!"* Doch genau dieses Denken verhindert oft die eigentliche Entwicklung. Vertrauen und Respekt entstehen nicht im Moment der Krise, sondern in all den kleinen Situationen davor. *„Was tue ich, DAMIT es gar nicht erst dazu kommt?"* ist wirkungsvoller als *„Was tue ich, WENN mein Hund schon wieder ausrastet?"*

Eine belastbare Beziehung entsteht nicht durch hektisches Reagieren im Katastrophenfall, sondern durch Rituale, durch Verlässlichkeit und durch gelebtes Vertrauen im Alltag. Dort, wo sich Beziehung wirklich festigt.

Timba kam als überforderter Junghund zu uns. Nun steht er fest mit allen vier Pfoten im Leben.

VOM ABC ZUM XYLOPHON – WARUM ÜBERFORDERUNG UNFAIR IST

Stell dir vor, du bist ein Kind in der ersten Klasse. Du hast gerade die Buchstaben A, B und C gelernt – und plötzlich sollst du vor der ganzen Klasse das Wort „Xylophon" buchstabieren. Du bist nervös, überfordert, keiner hat dich vorbereitet. Es ist klar: Du wirst scheitern. Und trotzdem sind alle enttäuscht. So unfair sich das für dich anfühlt – so ähnlich geht es unseren Hunden oft.
Wir verlangen von ihnen Verhalten, das wir nie gefestigt oder ausreichend erklärt haben. Wir setzen sie unter Druck und wundern uns, dass sie nicht bestehen. Dabei beginnt jedes verlässliche Verhalten im Kleinen – in einem sicheren, ablenkungsfreien Rahmen. Schritt für Schritt. Geduldig und strukturiert.

STEP BY STEP – WARUM WIEDERHOLUNG SO WICHTIG IST

Wenn wir bestimmte Bewegungsabfolgen – wie Rückruf, Richtungswechsel oder Orientierungssignale – nur gelegentlich üben, fehlen sie uns genau dann, wenn wir sie brauchen. Du denkst dann nicht automatisch an das Gelernte, sondern bist überrascht, gestresst – und dein Hund ebenso. Deshalb üben wir bestimmte Abläufe immer wieder, bis sie sitzen wie ein Reflex. Nicht für den Hund allein, sondern für uns.
Je besser du weißt, was du wann wie tun willst, desto glaubhafter wirkst du, und desto leichter fällt es deinem Hund, sich an dir zu orientieren.

ÜBUNG: DEINE REAKTIONS-ROUTINE

Überlege dir für folgende Alltagssituationen deine ideale Reaktion – notiere sie oder sprich sie laut durch:

1. Hund bellt an der Leine. → Ich …

____

____

____

2. Fremder Hund nähert sich. → Ich …

____

____

____

3. Rückruf → Ich rufe/pfeife ein Mal, …

____

____

____

Übe das mit deinem Hund in einfachen Situationen, bis es für dich selbstverständlich ist. Dann wird es im Ernstfall nicht mehr überraschen, sondern abrufbar sein.
Beginne im Wohnzimmer, im Garten, an ruhigen Orten. Wiederhole, festige, mach es selbstverständlich. Erst dann erhöhst du langsam die Anforderungen. Du schaffst gezielt kleine

Konfliktsituationen – in sicherem Rahmen –, damit dein Hund lernt, auch dann gelassen und orientiert zu bleiben. Diese Vorbereitung macht den Unterschied. Sie hilft deinem Hund, souverän zu handeln – nicht weil er muss, sondern weil er kann. Und genau so entsteht Fortschritt: Nicht durch Druck, sondern durch echte Entwicklung. Am Ende zählt nicht, wie oft dein Hund funktioniert, sondern wie sicher und fair du ihn dahin begleitet hast. Fair zu sein bedeutet, unseren Hunden die nötige Zeit und die richtigen Übungsbedingungen zu bieten, um in allen Lebenslagen souverän zu handeln. Das erfordert Geduld und ein tiefes Verständnis für die Natur unserer vierbeinigen Freunde. Nur wenn wir konsequent und klar kommunizieren, können wir von unseren Hunden das Verhalten erwarten, das wir uns wünschen. Denn nur ein gut vorbereiteter Hund kann uns in der Realität unterstützen. Fairness und Geduld sind der Schlüssel zu einer harmonischen Mensch-Hund-Beziehung.

Oft ist uns der Weg zum perfekten Ergebnis zu langwierig und anstrengend. Aber es lohnt sich, den Weg zu gehen.

Mythos 3:

Ich habe alles falsch gemacht

Ein Gedanke, der leise beginnt und sich doch oft wie ein schwerer Schatten über unsere Mensch-Hund-Beziehung legt. Viele Hundemenschen zweifeln an sich selbst, wenn es im Alltag hakt.

Sie suchen die Schuld bei sich, zählen ihre vermeintlichen Fehler auf – in der Hoffnung, durch Selbstkritik etwas wiedergutmachen zu können. Doch Schuld bringt keine Klarheit. Und Verurteilung schafft keine Verbindung. Beziehung beginnt nicht mit Schuld, sondern mit einem Gefühl: dem Gefühl von Sicherheit – für deinen Hund, aber vor allem auch für dich.

WIE EIN GEFÜHL VON SICHERHEIT ENTSTEHT

In unserer oft hektischen Welt sind wir ständig abgelenkt – von Gedanken, To-do-Listen und Bildschirmen. Wir leben in der Zukunft oder in der Vergangenheit, selten im Moment. Unsere Hunde hingegen tun genau das Gegenteil: Sie sind im Hier und Jetzt. Und genau darin liegt ihr größtes Geschenk – und unsere größte Lernchance.

Beobachte einmal bewusst deinen Hund, wenn ihr gemeinsam unterwegs seid. Während du vielleicht an dein nächstes Meeting denkst oder innerlich den Einkauf planst, ist dein Hund voll und ganz bei sich und seiner Umgebung. Jeder Grashalm, jeder Geruch, jede Bewegung wird registriert. Er ist ein Meister der Wahrnehmung – und nimmt Dinge wahr, die für uns längst unter der Schwelle der Aufmerksamkeit verschwinden. Ein scheinbar banales Beispiel: Hunde treten so gut wie nie in die Hinterlassenschaften anderer Hunde. Nicht, weil sie Glück haben, sondern weil sie achtsam sind. Weil sie wahrnehmen, wo sie gerade stehen, wohin sie laufen, was um sie herum geschieht.

Diese Achtsamkeit ist kein Zufall. Hunde leben in einem ständigen Strom sozialer Kommunikation. Sie sind dafür gemacht, nonverbale Signale zu lesen – von anderen Hunden, aber auch von uns.

1

1 Achtsamkeit beginnt mit uns selbst.

2 Hunde nehmen ihre Umgebung ganz bewusst wahr und lassen sich selten von außen stören.

»Sicherheit ist kein Ort, sondern ein Gefühl – und manchmal beginnt es dort, wo jemand sagt: „Ich bin bei dir. Wir schaffen das.« – Kai

2

Körpersprache, Mimik, Haltung, Energie: All das nehmen sie auf und spiegeln es. Wenn du also willst, dass dein Hund dich versteht, dann beginne damit, ihn zu verstehen. Nicht nur auf der Verhaltensebene, sondern auf der Wahrnehmungsebene. Was sieht er, was hört er, was fühlt er jetzt? Ein Hund, der seine Ohren anlegt, den Schwanz einzieht oder sich klein macht, sagt nicht: *„Ich bin stur"* – er sagt: *„Ich bin unsicher"*. Ein Hund, der aufrecht steht, die Schnauze hebt und schwanzwedelnd Kontakt sucht, lädt ein: *„Ich bin bereit – was machen wir gemeinsam?"* Wer diese feinen Zeichen lesen lernt, wird staunen, wie klar Hunde kommunizieren. Und wer beginnt, selbst in kleinen Momenten klar, bewusst und ruhig zu kommunizieren, wird erleben: Der Hund hört zu. Reagiert. Vertraut. Und genau da beginnt echte Verbindung.

Im Wohlfühlbereich gehen Mensch und Hund Seite an Seite, leicht und verbunden.

Sicherheit beginnt in dir

Wenn du beginnst, deinen Hund wirklich wahrzunehmen – seine Körpersprache, seine Stimmung, seine feinen Reaktionen –, öffnet sich eine neue Ebene des Miteinanders. Doch Wahrnehmung allein genügt nicht. Um deinen Hund zu erreichen, musst du nicht nur seine Signale deuten können, sondern vor allem lernen, dich selbst zu führen. Denn dein Hund spürt, ob du bei dir bist – oder im inneren Chaos versinkst.
Wirkliche Verbindung entsteht nicht durch Kontrolle, sondern durch innere Klarheit. Und diese Klarheit beginnt dort, wo du dich selbst in Sicherheit fühlst. Genau hier kommt der Wohlfühlbereich ins Spiel – jener Zustand, in dem Lernen, Vertrauen und Beziehung überhaupt erst möglich werden.

DER WOHLFÜHLBEREICH

In der Hundeerziehung sprechen wir oft über Reizschwellen, Stresssignale und die Eskalation von Verhalten. Doch was wäre, wenn wir unseren Blick einmal gezielt auf das Gegenteil richten – auf den Zustand, in dem Lernen, Vertrauen und echte Verbindung überhaupt erst möglich werden? Der „Wohlfühlbereich" – das ist jener Moment, in dem dein Hund entspannt atmen kann, in dem du inner-

lich ruhig bist. In dem ihr euch seht – wirklich seht – und gemeinsam die Welt entdeckt, ohne Alarmglocken im Kopf. Hier passiert keine Verteidigung, keine Flucht, kein Kampf. Hier ist Platz für Lernen. Für Beziehung. Für echte Bindung.

Er entsteht, wenn wir bewusst Räume schaffen, in denen sich beide – Mensch wie Hund – sicher fühlen können. Durch vorausschauendes Handeln. Durch klare Strukturen. Durch kleine Rituale. Und vor allem: durch das ständige Vertiefen, sich immer wieder selbst in diesen Zustand zurückzubringen. Denn so, wie unser Nervensystem in verschiedene Zonen rutscht – vom entspannten Wohlfühlbereich ins angespannte Gelb, in den roten Alarmmodus oder gar in die Überforderung des schwarzen Bereichs –, so geschieht das auch bei unseren Hunden. Je häufiger wir gemeinsam im Wohlfühlbereich verweilen, desto vertrauter wird dieser Zustand. Und desto leichter wird es, auch in schwierigen Situationen wieder dorthin zurückzufinden. **Statt gegen Stress zu kämpfen, beginnen wir aktiv, Inseln der Sicherheit zu bauen. Statt impulsiv zu reagieren, lernen wir gemeinsam, bewusst zu handeln. Statt in Daueralarm zu leben, entsteht ein Raum, in dem Verbindung wachsen kann.** Der Wohlfühlbereich ist unser Ziel. Nicht als starres Ideal, sondern als Kompass.

Ruhe, Nähe und Geborgenheit werden mit der Zeit selbstverständlich.

»Der Wohlfühlbereich ist kein Zufallsprodukt!«

— Kai

Hundebegegnungen als Wohlfühlbereich erleben

Oft sind es genau diese Momente, die für Mensch und Hund stressgeladen sind: eine plötzliche Hundebegegnung auf schmalem Weg. Doch hier kann durch vorausschauendes Handeln ein echter Wohlfühlbereich entstehen. Statt frontal auf den anderen Hund zuzugehen, wählst du bewusst einen größeren Bogen, bleibst flexibel, weichst notfalls aus, verlangsamst dein Tempo – und freust dich ehrlich über jeden noch so kleinen Erfolg. Vielleicht war heute nur ein kurzer Blick möglich oder ein ruhiges Weitergehen auf Abstand oder ein Warten am Wegesrand. Und genau das ist der Anfang. So entsteht aus einer angespannten Situation Stück für Stück ein neues Gefühl: Sicherheit, Verbindung – Wohlfühlbereich.

HUNDEBEGEGNUNGEN – ZWISCHEN VERTRAUEN UND VERANTWORTUNG

Wenn man uns sieht – meine beiden Rüden Frodo, Bolle und mich –, wirken Hundebegegnungen wie ein Spaziergang durch ruhiges Wasser. Die Leinen sind locker, die Hunde leise. Sie schauen zu mir, nicht zum anderen Hund. Kein Bellen, kein Zerren, kein Drama. Und doch: Auch für mich sind Hundebegegnungen kein Kinderspiel.
Sie sind Erfahrung und Management. Sie sind blitzschnelles Entscheiden und konsequentes Umsetzen. Und sie wirken so easy, weil meine Hunde mich kennen und ich meine Hunde lesen kann –denn ich sehe sie wirklich, in allem, was sie tun.

Was man von außen nicht sieht, ist das, was in mir passiert. Auch ich werde innerlich aufmerksamer, gespannter. Weil ich weiß: Meine Rüden sind erwachsen. Ich möchte keine fremden Hunde, die uns ungefragt zu nahe kommen. Und genau deshalb braucht es mich – präsent, klar, führend. Ich beobachte. Ich lese meine Hunde, bevor überhaupt etwas passiert. Ich sehe an Frodo, wenn er einen Hund längst wahrgenommen hat, der hinter einer Ecke auftaucht, lange bevor ich ihn sehe. Seine Nase geht in die Höhe, seine Brust wird größer. Früher habe ich diese Zeichen ignoriert und mich dann geärgert. Ich erkenne an der Haltung meines Border Collies, wenn Spannung aufkommt, denn dann geht seine Rute nach oben. Und ich reagiere. Frühzeitig. Still. Klar. Freundlich. Ich weiß, was ich will, und setze es um. Immer.

Ich habe über Jahre gelernt, diese Momente zu nutzen.
Ich habe Spiele aufgebaut, Orientierungen trainiert, die Verbindung zu mir gestärkt – nicht erst in der Begegnung, sondern lange davor. Heute betreibe ich Management mit geübtem Blick. Ich schaue: Wie ist der andere Hund drauf? Wie eng ist der Weg? Welche Strategie passt zu der einen Begegnung?
Ich habe keine feste Lösung – ich nutze einen Methodenkoffer, den ich über die Jahre erarbeitet und als sicher etabliert habe. Einige Varianten haben nicht funktioniert, wie ich mir das vorgestellt hatte. Dennoch habe ich sie probiert und konnte sie somit verwerfen.

Je nach Lage wechsle ich die Seite und setze beide Hunde an den Rand oder lasse sie beide auf einer Seite von mir gehen, habe einen Hund rechts und einen links, oder drehe notfalls um. Ich überlasse nichts dem Zufall. Denn ich will nicht, dass meine Hunde denken, sie müssten regeln. Ich will, dass sie wissen: Ich übernehme. Gerade heute kam ein frei laufender, großer Rüde auf uns zu. Seine Bezugsperson hatte keine Kontrolle mehr. Und ich wusste: Diese Begegnung will ich nicht. Meine Hunde auch nicht. Also habe ich kurz gehandelt, die Richtung gewechselt, und wir sind gegangen – ohne Diskussion und ohne Aufregung. Nicht, weil wir schwach sind. Sondern weil ich Verantwortung übernehme. Damit meine Hunde es nicht müssen. Frodo und Bolle wissen: Habe ich eine Entscheidung getroffen, dann setze ich sie um. Denn genau das ist für uns wahre Führung, die Übernahme von Verantwortung zur Sicherheit des Hundes.

»Führung bedeutet nicht, dass du vorn gehst, sondern dass dein Hund weiß: Wenn es eng wird, bist du da.« – Nancy

1 Für jede Begegnung wird neu entschieden: Wie sind wir drauf? Wie der andere?

2 Meist genügt es, einfach ein wenig auszuweichen und dadurch mehr Abstand zum entgegenkommenden Mensch-Hund-Team herzustellen.

3 Manchmal ist es besser, als Mensch zwischen den fremden Hunden und dem eigenen zu sein, und die abgewandte Seite zu nutzen.

4 Am Rand warten, und die Aufmerksamkeit halten, will geübt sein.

Wenn wir bei Rädern, Menschen oder Autos vorbildlich reagieren, macht es der Hund oft nach.

ALLTAGSHELFER BEI HUNDE-BEGEGNUNGEN

Hundebegegnungen sind oft eine Herausforderung, sei es wegen Unsicherheiten, Aufregung oder unerwünschtem Verhalten. Eine einfache, aber wirkungsvolle Maßnahme, um Begegnungen entspannter zu gestalten, ist es, den eigenen Hund bewusst auf die abgewandte Seite zu nehmen – also auf die Seite, die dem anderen Hund abgewandt ist. Diese Methode mag auf den ersten Blick unscheinbar wirken, doch sie bringt eine sichtbare Veränderung mit sich. Indem sich der Mensch zwischen den beiden Hunden positioniert, erhält der Hund mehr Orientierung und Sicherheit. Zudem kann ihn seine Bezugsperson auf diese Weise viel direkter unterstützen, sei es durch Körpersprache, Leinenführung oder verbale Signale. Natürlich wird dieser kleine Schritt nicht sofort riesige Erfolge mit sich bringen. Verhalten verändert sich nicht über Nacht – doch es sind genau solche kleinen Anpassungen, die langfristig den Unterschied machen. Durch konsequente Anwendung kann der Hund lernen, dass er sich in Begegnungssituationen an seinem Menschen orientieren kann, anstatt sich allein für die Interaktion mit dem anderen Hund verantwortlich zu fühlen.

Wann ist diese Methode hilfreich?

Diese Methode ist besonders hilfreich bei Hunden, die zu Übersprunghandlungen, Unsicherheiten oder starkem Ziehen neigen. Sie kann auch als unterstützende Maßnahme für Trainingseinheiten genutzt werden, in denen der Hund lernt, ruhig und kontrolliert an anderen Hunden vorbeizugehen. Letztlich geht es nicht darum, sofortige Perfektion zu erreichen, sondern mit kleinen, durchdachten Veränderungen den Weg in die gewünschte Richtung einzuschlagen. Hundebegegnungen können dadurch harmonischer verlaufen, während der Hund schrittweise mehr Vertrauen in dich entwickelt.
Wenn diese Dinge klappen, dann darfst du anfangen loszulassen. Denn echte Bindung zeigt sich dort, wo du nicht festhalten musst – sie ist freiwillig und exklusiv.

Finde deinen Wohlfühlbereich

Bevor du deinen Hund in diesen Zustand begleiten kannst, musst du selbst lernen, ihn bei dir zu finden. Denn dein Hund folgt nicht deiner perfekten Technik – sondern deiner inneren Haltung. Ich, Nancy, habe vor einigen Jahren über eine Imaginationsreise gelernt, meine Augen zu schließen und mental durch eine große schwere Tür zu gehen. Dahinter befindet sich mein sicherer Ort, ein altes wunderschönes Gemäuer, das immer in gelblichen sonnigen Farben erstrahlt. Darin steht ein großes Himmelbett – das ist mein sicherer Ort. Ich habe mir dazu ein Bild ausgedruckt – und nachweislich verlangsamt sich mein Puls, wenn ich gedanklich dort hingehe.

ÜBUNG: MACHE DEINEN WOHLFÜHLBEREICH SPÜRBAR

Diese kleine Alltagspraxis hilft dir, mit deinem Hund bewusster im Wohlfühlbereich zu bleiben – und diesen Zustand zu verankern. Es gibt Momente im Alltag mit Hund, da vergessen wir, was um uns herum passiert. Nicht, weil es so schön ist, sondern wir meinen die Momente, in denen wir uns gar nicht mehr spüren, sondern gefühlt nur noch aus Reaktionen bestehen – aus kleinen, hektischen Bewegungen, aus fixierten Blicken, aus der Frage: Was macht mein Hund jetzt gleich? Wir sind dann im Hundetunnel. Alles verschwimmt, nur der Hund ist noch da – wie eine riesige Leuchtreklame, die uns ständig sagt: Achtung, gleich passiert was!

Beobachte mal die kleine Stimme in deinem Kopf, die unaufhörlich mit dir redet. Sie beeinflusst dich positiv und negativ. Doch du kannst diese Stimme gezielt lenken und ihr auch mal zulächeln, wenn sie wieder vor sich hin brabbelt. Lass uns mal raus aus dem Tunnel kommen und die Umge-

Fühlen wir uns wohl, sinken die Stresshormone – Hunde spüren das.

Klare Luft um die Nase – so kann man den Fokus auf das Schöne richten.

bung wirklich wahrnehmen. Nicht den Hund. Nicht die potenzielle Reaktion. Nicht das Handy. Sondern alles andere.

Höre hin: Welche Vögel singen heute? Woher kommt der Wind? Rauschen die Blätter oder ist es ganz still?

Rieche: Hat die Luft diesen frischen, klaren Duft nach Morgentau? Oder diesen würzigen Geruch von warmem Waldboden?

Schaue: Wie weit kann ich heute blicken? Was ist direkt vor meinen Füßen? Was liegt in der Ferne? Was bewegt sich, was bleibt still?

Atme: Tief. Langsam. Bewusst. Immer etwas länger aus als ein. Manchmal reichen drei solcher bewussten Atemzüge und du bist wieder voll da – nicht nur physisch, sondern auch emotional.

Wenn du also das nächste Mal merkst, dass du dich verlierst, dass du nur noch funktionierst statt fühlst – dann halte kurz inne. Lass den Blick schweifen. Riech die Welt. Lausche ihr. Spür deinen Atem. Denn genau da – in diesem Moment – beginnt die Achtsamkeit, die dein Hund ständig lebt und die du wieder lernen darfst.

Nimm dir zwei Minuten Zeit.
Halte inne:

1. Was hörst du gerade um dich herum?

2. Was riechst du?

3. Welche Farben oder Bewegungen nimmst du wahr, wenn du einfach nur den Blick schweifen lässt, ohne etwas zu bewerten?

4. Wie fühlt sich dein Atem an, wenn du ganz bewusst atmest?

Notiere dir vielleicht drei kleine Dinge, die du heute mit allen Sinnen wahrgenommen hast – jenseits deines Hundes. Diese Übung darf gern regelmäßig wiederholt werden, am besten täglich. Sie ist einfach, leise und kraftvoll. Und sie ist ein Geschenk – für deinen Hund und für dich.

ÜBUNG: EIN RITUAL FÜR MEHR NÄHE

In einer Welt voller Tempo und Termine sind es oft die stillen Rituale, die am meisten verbinden. Eines davon ist das Kontaktliegen – ein gemeinsames Innehalten ohne Ziel, ohne Aufgabe. Bis wir uns auf die Suche gemacht haben, weshalb Hunde, die sich mögen, gern zusammengequetscht auf dem kleinsten Fleckchen liegen, haben wir den Mechanismus dahinter gar nicht begriffen. Kontaktliegen bedeutet: Du und dein Hund – nah beieinander, vielleicht berührt er dein Bein oder liegt einfach ruhig neben dir. Kein Kommando, kein Training, nur Präsenz. Dieses einfache Sein stärkt die Beziehung tiefer als manch durchgetaktetes Programm. Dabei passiert im Körper etwas Wunderbares: Es wird Oxytocin ausgeschüttet. Das Bindungshormon entsteht durch Nähe, Berührung und emotionale Sicherheit. Es stärkt das Vertrauen, fördert das Gefühl von Geborgenheit und vertieft die Verbindung – bei deinem Hund genauso wie bei dir. Und genau deshalb ist das Kontaktliegen so kraftvoll.
Du kannst es einfach in den Alltag einbauen:

- Beim Spaziergang kurz gemeinsam hinsetzen, z. B. in die Wiese oder auf eine Bank.
- Auf dem Boden oder im Garten zur Ruhe kommen.
- Morgens oder abends ein paar Minuten still nebeneinanderliegen.

Diese Momente schaffen eine Atmosphäre der Achtsamkeit und des Vertrauens. Du zeigst deinem Hund: Ich bin da. Ganz ohne Erwartung. Ganz ohne Müssen. Und das ist das schönste Geschenk. Und wenn du sowas Einfaches nun bewusst machst, kannst du die weiteren Themen eures Alltags durchdenken. Da wird es etwas anspruchsvoller, denn du darfst zum Idol werden – zu einer Person, an der sich dein Hund gern orientiert.

Bewusste Auszeiten während der Hunderunde schaffen mehr Vertrauen.

ÜBUNG: DER WOHLFÜHL-SPAZIERGANG

Ziel dieser Übung ist es, den Fokus auf Entspannung, Wahrnehmung und Verbindung zu legen, nicht auf Gehorsam oder Kontrolle. Ein Spaziergang, der das Nervensystem beruhigt, anstatt es zu reizen.

1. Wähle eine entspannte Umgebung

Such dir für diese Übung bewusst eine Strecke aus, die euch beiden vertraut ist und wenig Ablenkung oder Stresspotenzial bietet – ein Feldweg, ein Waldpfad, eine ruhige Wiese.

2. Verändere dein Tempo

Gehe langsamer als gewöhnlich. Spüre bewusst deine Schritte. Achte auf deinen Atem. Dein Hund wird sich automatisch an deinem Rhythmus orientieren. Allein durch dein Tempo gibst du ihm Sicherheit und Entspannung.

3. Kein Ziel – nur Sein

Versuche, diesen Spaziergang ohne „Ziel" zu machen. Kein Training. Kein „Sitz", kein „Platz", kein „Fuß". Nur gehen, wahrnehmen und zusammen sein. Du darfst mit deinem Hund sprechen – aber leise, ruhig, verbindend. Lass deinen Blick über den Boden gleiten, so als ob du Pilze suchst.

4. Nimm deinen Hund wahr – ohne zu bewerten

Wie bewegt er sich? Wohin geht sein Blick? Was riecht er? Was interessiert ihn? Lass ihn entdecken und begleite ihn dabei. Es geht nicht darum, dass er perfekt „funktioniert", sondern dass ihr euch gegenseitig spürt.

5. Rückkehr in die Verbindung

Wenn dein Hund sich von dir entfernt, bleib innerlich ruhig. Wenn er zurückkommt, schenke ihm deine volle Aufmerksamkeit – ein Lächeln, ein leises Wort, vielleicht ein sanftes Streicheln. Nicht als Befehl, sondern als Einladung zur Nähe.

Wirkung: Dieser Spaziergang bringt dich und deinen Hund ganz bewusst zurück in den Wohlfühlbereich – und macht aus einem Alltagsritual eine tiefe gemeinschaftliche Erfahrung. Je öfter ihr das zelebriert, desto mehr wird euer gemeinsames „Unterwegssein" zu einem Ort der Sicherheit – und damit zu einer Grundlage für alles, was ihr noch gemeinsam erleben möchtet.

Unsere schönste Zeit des Tages – gemeinsame Spaziergänge.

Und dennoch – sosehr wir uns auch bemühen, Situationen bewusst zu gestalten –, es gibt Momente, in denen uns das Leben überrollt. Begegnungen verlaufen anders als geplant, unser Hund reagiert stark oder wir selbst geraten unter Druck. Plötzlich ist da wieder diese alte Anspannung, der Herzschlag beschleunigt sich, der Hals wird eng. Wir stecken fest. Im roten Bereich. Im unguten Gefühl. Und oft, nachdem die Situation längst vorbei ist, hängen wir immer noch im Ärger fest. Wir sind enttäuscht, wütend – auf unseren Hund, auf uns selbst, auf die ganze Welt. Während wir noch grübeln, ist unser Hund längst wieder im Hier und Jetzt. Was bei ihm bleibt, ist höchstens ein unangenehmes Gefühl. Denn er versteht nicht den Grund unserer Wut, aber er spürt unsere Stimmung. Und das reicht aus, um die Verbindung zu trüben. Doch du musst nicht dort bleiben. Du kannst lernen, bewusst wieder auszusteigen. Es braucht kein großes Ritual, manchmal reicht eine einzige Entscheidung.

ÜBUNG: ZURÜCK INS GLEICHGEWICHT

1. Bleib stehen – atme bewusst. Sag dir innerlich: Ich darf kurz Pause machen.
2. Blick abwenden. Richte deine Augen auf etwas Weiches, Natürliches – einen Baum, den Himmel, deinen Hund. Lass deinen Blick dort ruhen.
3. Körper lösen. Lass deine Schultern sinken. Schüttle deine Hände kurz aus. Atme einmal lang durch die Nase ein – durch den Mund aus. Die kleinen Bewegungen machen dich locker.

Wir können uns darin üben, die positiven Dinge bewusster wahrzunehmen.

4. Sag dir leise deinen Anker. Gehe gedanklich an deinen Wohlfühlort.
5. Gehe mit Bedacht weiter. Langsamer. Verbundener. Ganz bewusst.

Diese kleine Sequenz ist wie ein Notausgang zurück in die Selbstführung. Dein Hund wird spüren: Du bist wieder da. Und das ist manchmal alles, was es braucht. Denn wahre Stärke liegt nicht im Verhindern von Stress, sondern in der Fähigkeit, sich danach wiederzufinden.

Was willst du wirklich erreichen?

Wenn wir verstehen, dass gemeinsames Lernen in der Ruhe am besten und nachhaltig beginnt – nicht in der Kontrolle einer Extremsituation – stellt sich eine entscheidende Frage: Was ist eigentlich dein Ziel und wie formulierst du es so, dass es dich wirklich weiterbringt?

Es gibt ein Phänomen, das zieht sich durch unser ganzes Leben. Es beginnt meist mit dem Satz: *„Ich will das nicht mehr."* Und zack, macht man es doch wieder. Beim Thema Hund ist das nicht anders. Frag zehn Menschen auf dem Hundeplatz, was sie sich wünschen, und du bekommst Antworten wie:

– „Er soll nicht mehr bellen."
– „Er soll nicht mehr ziehen."
– „Er soll nicht mehr jeden anspringen."
– „Er soll nicht mehr jagen."
– „Er soll bei einem Fahrrad nicht ausrasten."

Ich frage dann immer: *„Und was soll er stattdessen tun?"* Doch auf meine Frage bekomme ich meist keine Antwort. Und genau hier liegt das Problem. Denn unser Gehirn denkt nicht in Negationen. Es verarbeitet beim Satz *„Er soll nicht bellen"* nur *„bellen"*. Genau wie bei Kindern, die „nicht an die heiße Herdplatte fassen" sollen. Plötzlich hat die Herdplatte eine magische Anziehungskraft. Und da ich, Nancy, hier nicht nur über andere reden will, sondern auch ehrlich zu mir selbst bin, mein persönliches Beispiel hierzu.

Zusammen mit Freunden ging ich in eine Apotheke. Ich war fest entschlossen, drei Dinge zu kaufen: Magnesium, Augentropfen und Paracetamol. Ich hatte mir sogar richtig Mühe gegeben, nicht in mein altes Muster zu verfallen. Denn ich habe mein Leben lang immer Ibuprofen genommen. Aber diesmal wollte ich bewusst Paracetamol. Also habe ich in Dauerschleife wiederholt: *„Heute NICHT Ibuprofen."* Ratet mal, was in meiner Apothekentüte war, als ich zu Hause reingeschaut habe. Richtig: Ibuprofen.

Ich war natürlich empört und habe die Schuld auf die Apothekerin geschoben. Doch Kai, der dabei war, sagte in aller Seelenruhe: *„Nancy, du hast der Apothekerin gesagt, dass du Ibuprofen willst.“*
Das war der Beweis. Ich hatte in meinem Kopf die ganze Zeit wiederholt, was ich NICHT will, und das kam dann aus meinem Mund. Mit keiner Silbe habe ich an Paracetamol gedacht, ich habe es nicht visualisiert, nicht gefühlt und auch nicht ausgesprochen. Kein Wunder, dass ich es dann auch nicht bekommen habe. Und genauso läuft es bei deinem Hund. Wenn du ihm (und dir!) die ganze Zeit sagst: *„Nicht ziehen! Nicht bellen! Nicht hüpfen!“*, dann wirst du am Ende das bekommen, was du immer bekommst. Weil ihr beide nicht wisst, was stattdessen passieren soll. Und dein Hund nicht erraten kann, was du eigentlich von ihm möchtest.

Schau, wenn dein Ziel klar ist, dann kann sich dein Hund daran mit Freude anpassen.

Zielsetzung braucht ein klares Bild

Du brauchst ein klares Bild. Ein inneres. Ein äußeres. Und am besten auch noch ein Gefühl dazu.

– Soll dein Hund nicht ziehen, wie soll er stattdessen gehen? Locker an deiner Seite? Mit Blick zu dir? In welchem Tempo?

– Wenn er nicht bellen soll, was soll er stattdessen tun? Dich anschauen? Sich hinsetzen?

Bleib realistisch! Erstelle eine Liste der Fähigkeiten, die dein Hund entwickeln soll. Formuliere jedes Ziel klar und positiv und beschreibe, wie es sich anfühlt, wenn dein Hund dieses Ziel erreicht hat. Denk auch an Teilziele: Welche realistischen Zwischenschritte führen dich zum großen Ziel?

Beispiel: Bellt dein Hund andere Hunde aus 100 Metern Entfernung an und zieht an der Leine, könnte ein mögliches Ziel lauten: *„Mein Hund bleibt bei der Sichtung eines anderen Hundes an mir orientiert und verhält sich ruhig."*

Ein klares Ziel funktioniert mit jedem Hund – egal, ob groß oder klein.

Ein passendes Teilziel wäre: *„Mein Hund bleibt bei der Sichtung eines anderen Hundes leise, auch wenn er noch in die Leine springt."*

Indem du nicht nur den großen Sprung vom unerwünschten zum erwünschten Verhalten im Blick hast, sondern auch die positiven kleinen Fortschritte erkennst, bleibst du motiviert und Rückschläge entmutigen dich nicht.

Also: Denk ans Ziel, nicht an Ibuprofen. Du darfst ganz konkret sagen, was du willst. Und zwar in Bildern. In Handlungen. In Worten, die dein Hund versteht. Denn nur dann hat er überhaupt eine Chance, dich richtig zu verstehen und das umzusetzen, was du dir wünschst.

Wenn du das nächste Mal denkst:
„Er soll das nicht!",
dann ersetze den Satz im Kopf sofort durch:
„Ich möchte, dass er …"

Dann klappt es auch mit dem gewünschten Verhalten besser, versprochen. Wer immer nur denkt, was er nicht will, bekommt genau das. Wer aber beginnt, sein Ziel klar zu benennen, bekommt plötzlich, was er möchte – manchmal auch einen braven Hund.

Doch wir Menschen lieben schnelle Erfolge. Am liebsten wäre uns, der Hund würde nach einer einzigen Trainingseinheit alles verstehen. Doch so funktioniert Lernen nicht – weder bei uns noch bei unseren Hunden. Veränderung braucht Zeit, Geduld und realistische Erwartungen. Manchmal kann es eine Weile dauern, bis Veränderungen nachhaltig spürbar werden. Gib euch die Zeit von einem Jahr, um auf die Entwicklung zurückzublicken, die ihr gemeinsam geschafft habt.

Nähe – ein Gewinn für beide Seiten

Bevor wir gleich mit den Übungen rund ums Spiel, um Nähe, Orientierung und Freude starten, wollen wir dir kurz sagen, warum dieser Teil des Buches so wichtig ist – vielleicht sogar der wichtigste.

Uns ist etwas aufgefallen, und zwar nicht nur einmal, sondern immer wieder: Der Hund bekommt die meiste Zuwendung genau dann, wenn er nicht in der Nähe seines Menschen ist – wenn er weit weg ist – wenn er Blödsinn macht – wenn er Verhalten zeigt, das wir nicht leiden können. Kommt dir das bekannt vor? Dein Hund hat an der Schleppleine etwas Aufregendes entdeckt. Dein Ziel ist womöglich: Mein Hund soll aufmerksam und orientiert an MIR in aufregenden Reizlagen sein. Die Leine spannt schon kräftig, ursächlich dafür ist der Hund. Nun tust du wirklich alles, um seine Aufmerksamkeit freundlich, bittend und bettelnd zu erhalten. Und schon denkt dein Hund: *„Super, ich muss nur schön kräftig ziehen, woanders hingucken und fixieren, dann bekomme ich endlich Aufmerksamkeit und es werden feine Kekse ausgepackt."* Wenn das nicht klappt, wird man sauer und schreit förmlich panisch durch

Blicke und Berührungen verbinden euch.

Eine kurze Berührung ist wertvoll und wertschätzend für Hund und Mensch.

den Park: *„Komm sofort zurück!“* – und wenn der Hund dann tatsächlich ankommt, gibt es erst einmal eine Standpauke oder einen Griff ins Halsband. Da wird geschimpft, geruckt, gemeckert – all das passiert oft in der Nähe. Und in der Ferne? Da darf der Hund toben, jagen, sich selbst belohnen. Zuneigung? Die gibt es bei vielen Menschen fast ausschließlich aus der Distanz. Nähe bedeutet dann Kontrolle. Einfangen. Stoppen. Spaßbremse. Doch genau das wollen wir ändern. Denn Nähe sollte das Schönste der Welt sein. Nähe sollte sich für deinen Hund lohnen, sich gut anfühlen, sicher machen, Freude schenken.

Und Nähe beginnt nicht erst mit dem Kommando „Fuß“, sondern in eurem ganz normalen Alltag – auf dem Sofa, im Garten, an der Haustür. Und weißt du, was uns auch immer wieder auffällt? Wir denken oft: Das müssten die Leute doch wissen! Doch dann kommen hundert Kund*innen mit 150 gleichen Fragen. Immer wieder. Und das meinen wir nicht vorwurfsvoll, sondern als liebevollen Weckruf: Es ist Zeit, mit ein paar Mythen aufzuräumen. Zeit, sich nicht mehr zu schämen, sondern wirklich zu verstehen. Denn du kannst es nicht besser machen, solange du glaubst, du hättest es längst verstanden.

Darum haben wir diesen Teil des Buches vollgepackt mit echten Verbindungsmomenten. Mit Spielen, die euch näherbringen. Mit Übungen, die das Verhalten deines Hundes formen – aber noch viel mehr das Gefühl, das ihr miteinander habt. Denn hat dein Hund gelernt, dass sich Nähe lohnt, dass er bei dir auftanken kann, dass seine Anwesenheit geschätzt wird, dann wird er freiwillig bleiben. Und freiwillig kommen. Damit du endlich rauskommst aus der Fünf-Prozent-Falle. Und ihr gemeinsam in den 95 % glänzen könnt. Bereit? Dann lasst uns loslegen.

ÜBUNG: DER HANDSTUPS

Der Handstups bedeutet, dass der Hund mit seiner Nase gezielt eine ausgestreckte Hand berührt. Es ist ein einfaches, aber unglaublich vielseitiges Signal, das in vielen Alltagssituationen, beim Training oder in der Verhaltenstherapie genutzt werden kann. Diese Übung ist besonders wertvoll, weil sie den Hund gezielt dazu einlädt, deine Nähe zu suchen. Gleichzeitig lernst du, seinen Fokus sanft zu lenken, ihn einzuladen und damit die gemeinsame Kommunikation zu stärken. Der Stups wirkt wie ein magnetischer Impuls zurück zum Menschen – ganz ohne Druck, aber mit echter Verbindung.

Schritt-für-Schritt-Anleitung

Was du brauchst:

- einen motivierten Hund
- Leckerli in Reichweite
- Ruhe und ein paar Minuten Zeit
- optional: ein Markerwort wie „Yes"

1. Startposition

Setz dich entspannt vor deinen Hund. Er sollte ruhig vor dir stehen oder sitzen und dich ansehen.

1

2

3

4

2. Hand präsentieren
Streck ruhig eine offene Handfläche leicht vor dich aus. Sag dabei noch nichts – lass deine Körpersprache wirken.

3. Nasenkontakt abwarten
Hunde sind neugierig: Meist schnüffeln sie die Hand aus Interesse an. Sobald deine Hand von der Nase berührt wird – Marker (z. B. „Yes" oder Click) und sofort ein Leckerli in die ausgestreckte Hand legen und deinen Hund direkt dort belohnen.

4. Wiederhole das Spiel
Nach ein paar Wiederholungen wird dein Hund verstehen: Nasenkontakt zur Hand = Belohnung. Übe das einige Male, aber beende das Training, bevor dein Hund das Interesse verliert.

5. Signal einführen
Wenn dein Hund regelmäßig die Hand anstupst, kannst du das Signal einführen – z. B. „Stups".

6. Halte den Kontakt
Belohne nicht sofort – warte einen Moment. Lass deinen Hund die Position kurz halten, bevor die Belohnung folgt. So entsteht bewusste Nähe.

Vorteile der Übung

Für den Hund bedeutet diese Übung mehr als nur ein kleines Spiel: Sie fördert seine Konzentration und hilft ihm, sich besser zu kontrollieren. Gerade in ungewohnten Situationen kann sie ihm Sicherheit geben, weil er weiß, was zu tun ist. Die Aufgabe ist leicht zu verstehen und schenkt ihm schnell kleine Erfolgserlebnisse – das stärkt sein Selbstbewusstsein und macht Spaß.

Auch für dich als Mensch bringt der Handstups viele Vorteile: Du hast ein praktisches Werkzeug zur Hand, um deinen Hund sanft umzuorientieren oder ihn in eine andere Position zu bringen, sei es beim Spaziergang, beim Rückruf oder bei alltäglichen Herausforderungen. Besonders im Medical Training oder beim Tierarztbesuch ist dieses Signal Gold wert. Und nicht zuletzt: Es fördert die feine Kommunikation zwischen euch und stärkt eure Beziehung spürbar.

5

6

ÜBUNG: **BINDUNGSSPIEL**

Das Ziel dieses Spiels ist es, die Aufmerksamkeit, Nähe und Freude an der Zusammenarbeit zu fördern – und dabei wie von Zauberhand den Rückruf zu festigen, den Namen beizubringen und das lockere Gehen an der Leine zu stärken. Gleichzeitig lernst du als Mensch, deinen Hund immer wieder in deine Richtung zu lenken, Körpersprache gezielt einzusetzen und durch kleine, feine Signale Orientierung zu geben.

Schritt 1: **Aufbau der Aufmerksamkeit durch den Rückruf**

1. Nimm deinen Hund an die Leine.
2. Nimm 3 kleine Futterstückchen in eine Hand.
3. Halte sie direkt vor die Nase deines Hundes, um seine volle Aufmerksamkeit zu bekommen.
4. Führe ihn sanft an der Nase entlang mit dem Futter einen Schritt rückwärts. Achte darauf, dass dein Hund nicht springen muss, sondern tief bleibt. Locke ihn ganz nah an deinen Körper heran.
5. Während du rückwärtsgehst, sage dein Rückrufwort oder pfeife (z. B. „Hier“, „Komm“, Pfiff).
6. Belohne ihn nah an deinem Körper mit einem Stück Futter.
7. Wiederhole diesen Ablauf 3-mal, jedes Mal mit einem neuen Futterstück.

1

2

3

4

5

6

1

2

Schritt 2: Aufmerksamkeit und Abbau der Leckerli

1. Wiederhole denselben Bewegungsablauf – rückwärtsgehen und den Hund körpersprachlich einladen.

2. Jetzt kein Futter mehr in der Hand, stattdessen: Sage seinen Namen, wenn er dich anschaut. Geh rückwärts und lade ihn mit deiner Körpersprache ein, dir zu folgen.

3. Belohne die Aufmerksamkeit mit einem kleinen Spiel: z. B. kurzes Laufspiel, liebevolles Streicheln oder sanftes Raufen.

4. Achte darauf, dass dein Hund das Lob wirklich genießt. Wenn er sich abwendet oder abtaucht, passe deine Belohnung an.

3

4

Schritt 3: **Übergang zur Leinenführigkeit**

1. Nach 3 erfolgreichen Wiederholungen bleibt ihr kurz gemeinsam stehen.
2. Gib nun das Signal für Leinenführigkeit, z. B. „Gemeinsam".
3. Geht 5 Schritte gemeinsam los, dein Hund orientiert sich aufmerksam an dir und sein Blick geht in deine Richtung.
4. Nach den 5 Schritten beendest du bewusst die Übung.
5. Starte den gesamten Ablauf von vorn (zurück zu Schritt 1 oder 2).
6. Wiederhole diesen Gesamtablauf 3-mal, dann: Pause.

Dieses Spiel stärkt nicht nur die Zusammenarbeit, sondern hilft dir, deinen Hund fein zu lenken – körpersprachlich, aufmerksam und auf Augenhöhe.

Leinenführigkeit lernen, darf Freude machen.

Vermeide die typischen Fehler

1.

Halte das Futter nicht zu hoch, sondern auf Höhe der Nase, sonst wird dein Hund immer nach oben springen.

2.

Sprich deinen Hund schnell und zackig an, sobald er schaut, und lass ihn nicht immer wieder aus der Aufmerksamkeit weichen – wenn du zu viel Zeit lässt, wird er sich mit anderen Dingen beschäftigen und ihr verliert den Draht zueinander.

2

1

1 Der Name ist das schönste Lobwort.

2 Oft stören wir den Hund bei seinen liebsten Beschäftigungen und ärgern uns dann, wenn er nicht reagiert.

ÜBUNG: NAMENSSPIEL

Wir setzen immer voraus, dass der Hund auf seinen Namen reagiert. Das ist aber nicht selbstverständlich. Der Name sollte im Hund die schönsten und positivsten Gefühle auslösen. Warum ist uns das so wichtig?

Warum der Name oft mit Frust verbunden ist

Na, weil genau da schon die häufigste Auseinandersetzung mit dem liebsten Hund der Welt beginnt. Der Hund tut was Cooles (z. B. sich am Mauseloch zu schaffen machen) – und schwups kommt der Mensch von hinten und stört den freudig konzentrierten Fellfreund bei der geilsten Sache überhaupt. Und wie geschieht die Störung? Mit dem Hundenamen – nennen wir ihn hier mal Lumpi. Da Lumpi den Ruf gar nicht mitbekommt (erster Fehler), kracht es bald richtig! LUMPIII, schreit der Mensch und stapft wütend zu ihm hin, zerrt ihn vom Spielplatz und nimmt ihn an die Leine. Schluss mit Freizeit. Und all das verknüpft LUMPIII nun mit dem Schönsten, was er hat – mit seinem Namen. Wir wünschen uns das für dich und deinen Lumpi besser, schöner, wertvoller. So, dass Lumpi gern sein Mauseloch verlässt, um auf dich zu hören. Der Name sollte in deinem Hund die schönsten Gefühle auslösen. Darum widmen wir uns

diesem Thema so bewusst – egal, ob du einen Welpen, einen Tierschutzhund oder einen langjährigen Begleiter an deiner Seite hast.

Unser Ansatz: Der Name als Lobwort

Wir drehen es um. Wir nutzen Situationen, in denen dich dein Hund von sich aus anschaut. In genau diesen Momenten nennst du seinen Namen – gern mehrfach. Das macht den Namen zur persönlichen Lobmelodie deines Hundes. Wichtig ist dabei deine Freundlichkeit. Nie zum Schimpfen verwenden! Eine wedelnde Rute zeigt dir, ob du alles richtig machst.

3 Genieße gemeinsame Zeit und belohne Blicke mit einem Lächeln.

3

1

2

Ziel der Übung

Dein Hund soll lernen:

– Orientierung an dir ist lohnenswert.
– Sein Name bedeutet Freude, Nähe und Sicherheit.
– Er darf freiwillig zu dir kommen, du öffnest ihm den Raum dafür.

Vorbereitung

– Leine: ca. 3 m, angenehm in der Hand, möglichst ohne Haken/Ösen
– Ort: ruhige, reizarme Umgebung
– Bei starkem Zug: Nutze ein gut sitzendes Geschirr.

Ruhige Variante

1. Leine dran und zur Ruhe kommen

– Hund ruhig streicheln, nicht animieren oder aufdrehen.
– Nur an angenehmen Stellen streicheln, in Fell-Wuchsrichtung.

2. Langsam losgehen – ohne Ansprache

– Geh einfach los, dein Hund darf folgen.
– Drehe dich frontal zum Hund, sobald er dich anschaut.

3. Namensansprache und Kontakt

– Sag freundlich und wiederholt den Namen, z. B. „Waldi, Waldi“.
– Geh dabei ggf. leicht in die Hocke.
– Warte, bis dein Hund dich erreicht und dich berührt.
– Dann: ruhiges, freundliches Streicheln

4. Erneut weggehen – Hund folgt wieder

– Ablauf wiederholen

Wichtige Hinweise

– Nicht zurückschauen, wenn du losgehst.
– Name nur sagen, wenn der Hund dich anschaut.
– Zieht sich der Hund zurück: ruhig aufstehen, Abstand schaffen, neu starten.
– Entzieht sich der Hund häufig: kurz freundlich festhalten, ruhig streicheln, dann neu beginnen.

3

4

1

Variante mit Schwung: „Hopp, hopp!“

1. Bewegung reinbringen

– Geh los, der Hund folgt.

– Bleib stehen, dann rückwärts weggehen.

2. Hund schaut dich an – Name ertönt

– „Waldi, Waldi, Waldi“ – erst bei Blickkontakt

3. Startet Bewegung zu dir – Spiel beginnt

– Berührung, Springen, Hopsen erlaubt

4. Spielende bewusst setzen

– Gerade hinstellen, kleiner Schritt auf den Hund zu, bis drei zählen.

– Dann neuen Durchgang starten.

Spitznamen für kritische Momente

Wenn du doch einmal schnell reagieren musst (z. B. beim Aufnehmen von Unrat), nutze einen Spitznamen: *„Mein lieber Scholli“*, *„Fräulein“*, *„Schlabutzki“* – irgendetwas anderes als den echten Namen. So bleibt der eigentliche Name emotional unbelastet und ausschließlich positiv besetzt.

2

Grenzen setzen, wenn nötig

Wird dein Hund übergriffig:
– sofort groß machen
– ruhiger Schritt auf den Hund zu
– Oberkörper leicht nach vorn geneigt
– bei Bedarf: zurück zur ruhigen Variante

Alltagstaugliche Anwendung

– Ruhe und Schwung dürfen sich abwechseln.
– Immer anwenden, wenn dein Hund dich von selbst anschaut oder sich zu dir bewegt.

»Der Name ist kein Befehl – er ist eine Einladung zur Verbindung.«
— Kai

3

Mythos 4:

Das hat er ja noch nie gemacht

Es gibt immer eine Ausrede: der Hund ist abgelenkt, aufgeregt, oder hat das noch nie gemacht – wirklich? Die Wahrheit ist: Es klappt nur verlässlich, wenn wir verbindlich bleiben.

Was man sich alles einfallen lässt: von „Jetzt ist er aufgeregt", „Neu hier", „Abgelenkt" bis „Er hat Durchfall". Doch das Zauberwort heißt **Verbindlichkeit**. Verbindlichkeit klingt erst einmal nach Büroalltag, ist aber in der Beziehung zu deinem Hund das, was Vertrauen wachsen lässt. Und ganz ehrlich: Wie verbindlich bist du wirklich? Kennst du das? Du sagst deinem Hund: *„Heute kein Sofa!"* – aber morgen bist du müde und sagst nichts, als er wieder raufspringt. Oder du rufst ihn zehn Mal, ohne dass etwas passiert – weil du beim dritten Mal schon abgelenkt warst. Stell dir vor, du verabredest dich mit einem Freund – nennen wir ihn Kai – zum Spazieren. 10 Uhr. Du wartest. Kai kommt nicht. Kein Anruf, keine Nachricht. Einfach weg. Beim nächsten Mal? Klar, du bist skeptisch. Genauso geht es deinem Hund.

Die Dackelmädchen haben den Schalk im Nacken.

Das hat er ja noch nie gemacht – oder?

Verbindlichkeit bedeutet: Ich meine, was ich sage. Und ich handle danach.

IST „SITZ" BEI DIR VERBINDLICH?

Das Kommando „Sitz" ist ebenfalls ein Klassiker – und zeigt wunderbar, wie es um deine Verbindlichkeit steht. Denn viele Hunde setzen sich, stehen aber nach drei Sekunden wieder auf – weil sie gelernt haben: Es ist eh egal. Bei uns am Bahnhäuschen in Bannewitz, wo unsere praktischen Termine stattfinden, beobachten wir es immer wieder. Ein Beispiel: Johannes kommt angekündigt mit einem Welpen, mit Berner Sennendame Kessy, die laut Aussage von Johannes noch die typischen Welpendinge als Problem hat – jagt jedem fliegenden Blatt hinterher und springt jeden an. Kessy steht vor uns, bereits 32 Kilo schwer, von Welpe nichts mehr zu sehen, denn sie ist schon 14 Monate alt (nicht 14 Wochen!). Die genannten Themen sind in Anbetracht des Alters und der Größe des Hundes nun gar nicht mehr so klein und typsich welpisch wie angenommen. In vollster Aufregung auf zwei Beinen in der Leine stehend, soll Kessy sich nun mit „Sitz, Kessy, Sitz – Siiiitz, Kessy! ..." – ihr ahnt es, hinsetzen soll sie sich. Macht sie aber nicht. Und es gibt natürlich eine Erklärung, nein, Duzende Erklärungen dafür, von Johannes: Das kann sie jetzt nicht, weil sie zu aufgeregt ist, und weil sie noch so jung ist, und weil sie hier noch nie war, und außerdem mag sie Menschen so sehr. Alles klar, dann ist es ja auch gut, oder? Müssen wir jetzt noch was tun? Ja, wir möchten gern mit dem Mythos aufräumen, sich die Welt schön zu schminken und Erklärungen zu erfinden. Dein Hund kann alles und in jeder Lage, wenn du es ihm richtig beigebracht hast. Und am banalsten ist eben das einfache Sitz.

1

2

1 Das freiwillige Hinsetzen wird belohnt.

2 Der Hund bleibt beim Belohnen sitzen und hüpft nicht nach oben.

3 Ablenkung und Abstand werden gesteigert.

ÜBUNG: SITZ BLEIBT SITZ

Probiere es mal so:

1. Warte, bis dein Hund sich von allein hinsetzt (freiwillig wird er die Dinge öfter tun).

2. Sag „Sitz" – klar und ruhig – und belohne, solange er noch fest am Boden sitzt (nicht während des Aufstehens).

3. Dann kommt dein Freigabewort, z. B. „Frei" – und du lässt ihn aufstehen.

Baue dann die Ausdauer auf und erwarte, dass dein Hund das Signal versteht und umsetzt.

1. Sag Sitz und schaue, ob dein Hund das Kommando wirklich kennt und kann – dann wird er sich sofort setzen.

2. Zähle bis 3 und belohne erst dann.

3. Lass jemanden vorbeigehen und festige unter Ablenkung.

4. Löse immer mit einer Freigabe auf, bevor dein Hund aufstehen darf.

Was tun, wenn er vorher aufsteht?

Bringe ihn freundlich, aber klar zurück ins Sitz und übe das Kommando weiter mit ihm.

Wichtig: Kein mehrfaches „Sitz, Sitz, Sitz!" – einmal reicht. Und Sitz heißt: sitzen bleiben, bis du etwas anderes sagst, und es gibt keine Belohnung für ein selbstständig entschiedenes Aufstehen. Denn sonst erzieht dich dein Hund schneller, als du denkst. Mach das Ganze gern zu einem kleinen Ritual: vor dem Füttern, beim Anlegen der Leine, vor dem Überqueren der Straße. So wird aus einem Kommando ein echtes Band zwischen euch. Verbindlichkeit ist kein strenges Regelsystem, sondern eine Einladung zu echter Verlässlichkeit. Und das ist oft mehr wert als jedes Leckerli. Erst dann beginnst du mehr Ablenkung einzubauen und deinem Hund zuzumuten, überall Sitz zu können.

Also auch Kessy wird Sitz verbindlich lernen, wenn Johannes sich die Zeit nimmt und auch im Alltag verbindlich mit ihr umgeht. Und ganz schnell kommen wir hin zu den 95 % der Ereignisse, die wir mit unserem Hund gezielt beeinflussen und lenken können, ohne uns über die 5 % der Fehler zu ärgern, die am Ende nicht der Hund macht, sondern der Mensch falsch verstanden hatte.

3

Ablenkung durch Hunde ist die hohe Schule.

Hier ist die Belohnung falsch gesetzt – das falsche Timing belohnt das Aufstehen.

SPIELEN IST FÜHRUNG MIT FREUDE

SPIELEN IST VIELFÄLTIG
Auch ein einfaches „Mach es mir nach“ bringt Freude in die Beziehung.

Beziehungsbooster Spiel

Seit 2018 hängt ein pinker Klebezettel an meiner Pinnwand in der Küche, gleich über Frodos Platz in diesem Raum: „Täglich 5 Minuten mit Frodo spielen!“

Ich hatte gemeinsam mit Kai ein Seminar besucht, bei dem mich die Dozentin in ihrem Umgang mit ihren Hunden und ihrer Herangehensweise faszinierte. Bindung durch Spielen, am besten rein körperlich. So schön das bei ihr aussah, so schwer war das für Frodo und mich. Er hat entweder in meinen Arm gebissen oder vor Frust haufenweise Gras gefressen – keine Spur von: Wir spielen schön zusammen. Ich robbte hunderte Meter durch eine Reithalle, um seine Aufmerksamkeit zu bekommen, sodass er seinen Namen vielleicht mal spannend findet, und rannte mich völlig aus der Puste. Ich verlor echt die Lust, aber nie die Ausdauer. Dieser Zettel half mir, meine eigenen Ideen zum Thema „Spielen“ zu entwickeln, Frodo und mich jeden Tag neu zu entdecken und diese Pflichtübung täglich neu zu entwerfen. Und wer uns heute sieht, weiß, es hat gefruchtet. Bei allen neuen Begleitern und bei allen, die schon da waren, führte ich das gemeinsame Spielen ein. Es ist heute nicht mehr wegzudenken und hat den erheblichsten Teil zur stetigen Aufmerksamkeit unserer Hunde beigetragen. Und das liegt an der Bindung, die durch die Ausschüttung bestimmter Hormone entsteht.

Die Freude in den Gesichtern zeigt, wie sehr Spiel verbindet.

WARUM SPIEL VERBINDET UND WIE HORMONE DABEI HELFEN

Spiel ist viel mehr als nur Bewegung. Es ist einer der stärksten Beziehungsbooster überhaupt. Denn beim gemeinsamen Spiel werden im Gehirn von Mensch und Hund Glückshormone wie Dopamin und Oxytocin ausgeschüttet. Diese Hormone fördern nicht nur das Gefühl von Freude, sondern auch Vertrauen, Nähe und Bindung. Sie machen Lust auf mehr Zusammenarbeit und stärken das Gefühl, zueinanderzugehören.

1

Dopamin wird auch dann ausgeschüttet, wenn gar nichts mehr passiert, sondern Hund und Mensch eine ähnliche Situation erneut erleben. Leider passiert es jedoch viel zu oft, dass diese hormonellen Effekte unbewusst fehlverknüpft werden: Wenn das Spiel den Hund überdreht, das Jagdverhalten schürt oder ihn vom Menschen wegorientiert – dann wird zwar Dopamin ausgeschüttet, aber der Hund verbindet dieses gute Gefühl mit dem Ball, dem Rennen oder dem Erfolg, etwas erbeutet zu haben – und nicht mit dir. Deswegen ist es so wichtig, dass du dir bewusst wirst, wie du Spiel gezielt einsetzen kannst, um Bindung aufzubauen, statt sie zu schwächen.

DER ZAUBER DES GEMEINSAMEN SPIELS

Es gibt unzählige Arten, wie man mit seinem Hund spielen kann, aber viele von uns neigen dazu, sich von den gängigen „Standards" verführen zu lassen – dem Ballwerfen, dem Apportieren oder den typi-

2

1 Ein kleiner Tanz im Herbst vertreibt Kummer und Sorgen.

2 Zerrspiele machen Hunden oft großen Spaß.

Was wird da wohl Frodos Aufmerksamkeit erwecken?

schen Spielen zwischen zwei Hunden, die den Menschen oft nicht integrieren oder sogar unbewusst das Jagdverhalten fördern. Wir möchten dir eine Spielidee vorstellen, die nicht nur für den Hund eine bereichernde Erfahrung ist, sondern auch für dich als Mensch. Es geht darum, dass du selbst den Mittelpunkt des Spiels einnehmen kannst und gemeinsam mit deinem Hund eine einzigartige Art von Bewegung und Freude erlebst. Dabei nutzt du die Bewegung nicht nur, um deinen Hund auszulasten, sondern auch, um eure Bindung zu stärken und das Spiel so zu gestalten, dass es eure Beziehung vertieft.

Aber mein Hund muss doch mal laufen können!

Natürlich muss dein Hund laufen. Und ja – er darf sich auch mal richtig auspowern. Aber was viele dabei vergessen: Laufen allein macht noch keine erfüllte Beziehung. Viele Hunde laufen täglich mehrere Kilometer – und sind trotzdem unausgeglichen, fordernd oder kaum ansprechbar. Woran das liegt? Weil sie nicht mit dir laufen, sondern einfach nur von dir weg. Weil sie nicht denken müssen, sondern stupide vor sich hin rennen und Bälle jagen oder an der Leine ziehen. Und genau da liegt der Unterschied.

Spiel dich in die Verbindung anstatt ins AUS

Stell dir vor, du bist der zentrale Punkt, der „Stern", um den sich das Spiel deines Hundes dreht. Der Hund ist in der Mitte des Geschehens, aber du bist die Quelle des Spiels und die Person, die den Hund in Bewegung hält. Bei unserer Art von Spiel geht es nicht darum, dass der Hund sich allein auf eine Jagd nach einem Ball begibt, sondern dass du die Führung übernimmst und das Spiel kontrollierst, indem du den Hund aktiv in deine Bewegungen einbeziehst.

SPIEL: LAUF ZU MIR

Eine der besten Spielarten, die wir mit unseren Hunden gern umsetzen, ist das sogenannte „Laufspiel zu mir hin", bei dem der Hund abgelegt wird und dann zu uns hinrennen darf. Hierbei steht der Hund ruhig an einem Punkt, während ich mich etwas weiter entferne. Sobald der Hund auf „Los" reagiert, rennt er zu mir. Ich sage dabei mit Freude den Namen meines Hundes. Dies stärkt nicht nur die Aufmerksamkeit meines Hundes auf mich, sondern sorgt auch für eine kontrollierte Bewegung, bei der er stets in meiner Nähe bleibt. Es wird eine klare Führung etabliert, und der Hund lernt, dass er auf mich achten muss, anstatt sich nur auf das Spielzeug zu konzentrieren. Ich belohne ihn mit Spiel, Berührung oder einem freundlichen „Ja", wenn er bei mir angekommen ist.

Warum das Spiel zu dir hin wichtig ist

Indem du das Spiel zu dir hin lenkst und dich als Zentrum positionierst, stärkst du nicht nur eure Bindung, sondern vermeidest auch unkontrolliertes Jagdverhalten. Der Hund lernt, dass die wahre Belohnung in der Interaktion mit dir liegt – nicht im Jagen oder Apportieren an sich. Ihr werdet zu einem Team, das aufeinander achtet, statt sich in Impulsen zu verlieren.

1

2

1 Timba wartet auf sein Kommando zum Näherkommen.

2 Die Belohnung bekommt er bei seinem Christian.

1

2

3

SPIEL: ZWEI SPIELZEUGE FÜR ORIENTIERUNG UND IMPULSKONTROLLE

Ein weiteres Lieblingsspiel besteht darin, zwei gleichwertige Spielzeuge gleichzeitig zu verwenden. Du beginnst mit einem Spielzeug, das du in deiner Nähe leicht wirfst. Während dein Hund dieses holt, hast du das zweite Spielzeug schon in der Hand und bewegst dich in eine andere Richtung. Sobald dein Hund mit dem ersten Spielzeug zurückkommt, lässt du das zweite wieder bei dir auftauchen. Dein Hund darf warten, bis du es freigibst, und lernt so, gleichzeitig zu dir zu kommen und auszuhalten, dass du ein Spielzeug bei dir hast. Das Prinzip: Was beim Menschen bleibt, wird spannend. Der Hund wird so nicht nur körperlich, sondern auch mental gefordert – und du bleibst immer das Zentrum des Geschehens. Warte nicht zu lange, das zweite Spielzeug freizugeben. Baue nach und nach bewusst Signale ein wie „Ende“ – *Lass es fallen* – und „Frei“ – *Du darfst es nehmen.*

SPIEL: GEMEINSAM LAUFEN

Renn mal los und schaue, was da bei deinem Hund passiert. Spielt Fangen, wechselt euch ab – genießt die Bewegung und die frische Luft. Lernt es zu lieben, beide außer Atem zu sein. Gerade da hören wir oft: Mein Hund wird dabei übergriffig und springt mich an … Ja! Dann übe hier, klare Grenzen zu setzen und das Laufspiel zu stoppen, wenn du merkst, dass dein Hund „mehr“ möchte. Stoppe 5 Sekunden und beginne wieder von Neuem. Beginne die Richtung zu wechseln, sobald dein Hund an dir vorbeirennen möchte. Genießt anschließend die Ruhe und das Aus-der-Puste-Sein zusammen.

1 Frodos liebste Beschäftigung: Gegenstände fangen.

2 Fängt er das eine und gibt es wieder ab, fliegt schon das nächste Spielzeug in die Luft.

3 So spielen wir immer gemeinsam und nah beieinander.

SO INDIVIDUELL WIE IHR: EUER SPIEL

1
Es gibt beim Spielen nur eure persönlichen Regeln.

2
Es gibt keine Verlierer und keine Gewinner.

3
Laufspiele – z. B. Umrunden von Bäumen – oder etwas ganz anderes, …

4 ... nutzt gemeinsam die Natur und verwirklicht eure Ideen.

5 Seid bei euren Spielen wild und kreativ, je nach eurem Typ.

6 Es kann auch einmal total verrückt werden, Hauptsache, ihr habt gemeinsam Spaß.

7 Gestaltet eure Spiele ganz individuell und persönlich, auch je nach Alter.

8
Positive Stimmung ist ansteckend und schweißt zusammen. Genießt eure gemeinsame Zeit.

1 Verbindung wird durch gemeinsame Aktivitäten nachhaltig gefördert.

2 Ruhe nach dem Spiel vertieft die Bindung und fördert Gemeinsamkeiten.

1

2

DAS GEMEINSAME SPIEL ALS BEZIEHUNGSERLEBNIS

Es geht nicht nur um Bewegung, sondern um das Gefühl, ein wertvoller Teil des Spiels zu sein. Indem du mitspielst und die Richtung vorgibst, stärkst du das Vertrauen. Dein Hund lernt: **Die beste Belohnung liegt nicht im Objekt, sondern in der gemeinsamen Erfahrung.** Gemeinsames Spiel verbindet. Bist du aus der Puste, dann war es eine wunderschöne gemeinsame Beschäftigung. Bist du gar nicht angestrengt, dann war es ein einsames Spiel – für deinen Hund. Die Königsdisziplin ist in unseren Augen das Zweierspiel zwischen dir und deinem Hund. Körpersprache lesen und deuten, sich zuwenden und abwenden, laufen, stoppen und raufen. Hört euch gegenseitig zu und macht kleine Einheiten, die euch Freude machen.

DAS WUNDER DER HORMONE: DOPAMIN UND GLÜCK

Beim gemeinsamen Spiel und der Bewegung wird in beiden – Mensch und Hund – Dopamin ausgeschüttet.

Dieses „Glückshormon“ sorgt für Freude, Erfüllung und Nähe. Was besonders bemerkenswert ist: Wenn du regelmäßig mit deinem Hund spielst, verankert sich das gute Gefühl nicht nur im Moment, sondern strahlt in andere Alltagssituationen hinein. Dein Hund wird lernen, dass echte Freude mit dir verbunden ist – und nicht mit einem Objekt oder Reiz im Außen. So könnt ihr durch Bewegung, Spiel und gemeinsame Freude ein unsichtbares Band knüpfen, das euch auch in schwierigen Situationen trägt, und das habe ich bewusst genutzt, um gerade bei Hundebegegnungen, frei laufenden Katzen oder plötzlich losrennendem Wild die Verbindung bei mir zu halten.

UNSERE MEINUNG ÜBER FUTTERSUCHSPIELE? GEWUSST WIE ...

Statt Futter einfach in die Umwelt zu werfen und den Hund es selbst suchen zu lassen, ist es sinnvoller, das Futter gezielt als Verstärker für die richtige Entscheidung einzusetzen. Wenn dein Hund sich auf dich konzentriert und nicht einfach loszieht, um sich selbst zu bedienen, dann hat er sich seine Belohnung wirklich verdient – und genau in diesem Moment solltest du sie ihm bei dir geben. Viele Hunde lieben es, ihre Nase einzusetzen und draußen nach spannenden Gerüchen zu suchen. Und gleichzeitig ist eines der größten Probleme, dass Hunde Giftköder, Kot und ungewollt Aas fressen. Doch wenn der Hund lernt, dass er seine Belohnungen unabhängig vom Menschen in der Umgebung findet, kann das dazu führen, dass er sich zunehmend verselbstständigt und weniger Orientierung an seinem Menschen zeigt. Eine gute Übung dafür ist: Wirf ein Stück Futter scheinbar „weg“, aber anstatt deinen Hund es jetzt suchen zu lassen, halte seine Aufmerksamkeit bei dir. Wenn er sich entscheidet, bei dir zu bleiben oder dich anzusehen, bekommt er die Belohnung direkt von dir. So lernt er, dass sich das Dranbleiben an dir mehr lohnt als das eigenständige Stöbern. Zur Not eine Leine dran und ihn anfangs am Weggehen hindern.

Nicht aus dem Bilderbuch,

sondern mitten aus meinem Leben

Herzenshund Frodo

Bevor du denkst: *„Das klingt ja alles schön, aber bei mir klappt sowas nie“*, lass mich dir eines sagen: Ich stand genau da, wo du jetzt vielleicht gerade bist. All diese Übungen, über die du hier gelesen hast – das Namensspiel, das Spiel „Zu mir hin“, das Spiel mit der Nähe, der Wohlfühlspaziergang, das Bindungsspiel –, sie kommen nicht aus der Theorie. Sie kommen aus unserem Leben. Wir haben sie ausprobiert, angepasst, verworfen und neu gedacht. Mit meinem eigenen Hund. Einem Rüden. Einem echten Rüden – Frodo –, ein Hund mit Meinung, mit Kraft und mit viel Stolz. Und manchmal auch mit einem ganz schönen Dickkopf. Er hat mir nichts geschenkt. Er hat mich nie „einfach so“ verstanden. Er hat nicht auf mein Wort gehört, weil ich nett gebeten habe. Und auch nicht, weil ich laut geworden bin. Frodo hat mir gezeigt, dass Beziehung kein Kommando ist. Dass Vertrauen nicht durch Kontrolle entsteht und dass Verbindung wächst – dann, wenn ich richtig hingeschaut habe. Ich habe die größten Entwicklungsschritte nicht im perfekten Training erlebt, sondern in den kleinen Momenten dazwischen. Ich habe verstanden, das Verbindung zum Hund nicht bedeutet, dass er immer hinter mir läuft, sich um nichts kümmern darf oder ich ihm für jeden Blick einen Keks hinwerfe. Sondern Verbindung entsteht, wenn man leise wird, nicht mehr nur reagiert, sondern ins Fühlen geht. Wenn ich weiß, wie lernen funktioniert, und dann schaue, wie es mir mit den verschiedenen Varianten der Umsetzung wirklich geht – und was bei meinem Hund ankommt. Frodo – mein Herzenshund – hat mich verändert. Er hat mich gezwungen, klar zu werden und zu sehen, was ihm Freude macht, und wie ich es nutzen kann, um uns zu verbinden. Zu verstehen, wie alles zusammenhängt und wo sich hartnäckige Widerstände eingeschlichen hatten. Manchmal hatten wir uns so fest verbohrt in Erziehungsdramen (wenn er mal wieder einer Katze hinterherjagte oder mich die fünf Stockwerke bis zur Haustür runterzerrte), dass uns der Spaß am Leben fehlte. Doch ich war einmal mit Kai im Spreewald, wo Kai drei Frisbeescheiben und eine Hundepfeife mitnahm. Innerhalb weniger Sekunden hatten Frodo und Kai so viel Freude mit den fliegenden Deckeln, dem Rückpfiff und dem spannenden Spiel zu Kai hin, dass Kai zum Mittelpunkt von Frodos Welt wurde. Mein Herz

Raus aus den Missverständnissen, hin zum DreamTeam.

blühte auf und ich wollte mehr dieser schönen Dinge sehen, erleben und entwickeln. Und all die Übungen, die du hier findest, sind genau dafür gemacht. Um dich mit ihm zu verbinden. In Bewegung. In echten Momenten. Denn ich weiß, wie sich Verzweiflung anfühlt. Ich weiß, wie es ist, wenn nichts mehr klappt. Und ich weiß, wie viel Kraft es kostet, nicht einfach aufzugeben. Aber ich weiß auch, wie es ist, wenn sich etwas verändert. Wenn ein Blick zurückkommt. Wenn dein Hund sich dir anschließt. Wenn da plötzlich Nähe entsteht, wo vorher nur Frust war. Du kannst das auch. Mit genau dem Hund, den du hast. Auch wenn er ein echter Charakterkopf ist. Vielleicht sogar dann ganz besonders.

Und jetzt mal ehrlich: Wann hast du zuletzt deinem Hund einen ehrlichen Blick geschenkt – ohne Plan, ohne Erwartung, einfach nur so? Nur, um ihn wirklich zu sehen. Ohne gleich etwas erreichen zu wollen. Mit deinem Hund trittst du genau dann in den besten Kontakt, wenn du Zeit hast und offen für ihn bist. Nämlich in den Momenten, in denen ihr nichts leisten müsst, aber etwas für euch beide tun wollt – und gerade diese Zeiten bewirken das meiste.

Denn – und das ist der Knackpunkt – nicht alles, was wir gut meinen, kommt auch gut an. Und in hektischen und angespannten Momenten nimmt der Mensch seinen Hund oft nicht mehr wahr und andersherum.

Lob, das ins Herz trifft

Zwischen Belohnung und Bedeutung liegt ein feiner Unterschied. Dein Hund spürt, ob du ihn wirklich meinst. Lob kann verbinden oder verwirren. Entscheidend ist nicht, dass wir loben, sondern wie wir es tun.

Kommt Lob nicht an, wird es schnell zur Last. Und das passiert viel häufiger, als man denkt. Denk an deine Liste – die du vielleicht schon erstellt hast, als wir über Lerntheorie gesprochen haben. Die Liste der Dinge, für die dein Hund wirklich brennt. Dinge, für die er alles geben würde. Diese Liste ist Gold wert. Denn sie hilft dir, Lob nicht aus dem Bauch heraus zu verteilen, sondern gezielt und wirksam einzusetzen. Nicht jedes Lob ist für jeden Hund gleich – und nicht jede Situation braucht dasselbe Lob.

EMOTIONEN NUTZEN UND RICHTIG LENKEN

Hat dein Hund etwas toll gemacht, dann zeig es ihm! Aber zeig es so, dass es zu ihm und zur Situation passt. Freude ist wunderbar. Begeisterung auch. Aber sie muss nicht immer laut und wild sein.

Viele Hund mögen das Kopfgetätschel gar nicht gern.

Wenn dein Hund gerade etwas Ruhiges gezeigt hat – zum Beispiel an lockerer Leine an einem anderen Hund vorbeigegangen ist –, dann braucht es kein überschwängliches „JA SUUUUPER“ mit hektischem Schulterklopfen.
Ein ruhiges „Fein gemacht“, ein Streicheln an der Brust oder ein kurzes, anerkennendes Lächeln reichen völlig – wenn dein Hund das wirklich als angenehm empfindet.

1 | 2

1 Lisbeth liebt Küsschengeben.

2 Frontal-über-den-Hund-Beugen erzeugt Unbehagen. Was gut gemeint war, kommt nicht gut an.

KÖRPERSPRACHE LESEN – WAS KOMMT WIRKLICH AN?

Das ist der wichtigste Punkt: Beobachte deinen Hund. Wie reagiert er auf dein Lob? Freut er sich wirklich? Oder duckt er sich weg, friert ein, bleibt stehen oder zieht sich sogar zurück? Viele Hunde empfinden Berührungen über den Kopf als unangenehm. Sie mögen es nicht, wenn Hände plötzlich von oben herunterkommen oder hektisch über ihren Körper wuscheln und sich der Oberkörper des Menschen noch über sie beugt.

Und trotzdem passiert genau das ganz häufig – mit den besten Absichten. Nur: Gut gemeint ist eben nicht immer gut gemacht.
Wenn du also lobst, dann schau genau hin:
– Wendet sich dein Hund dir zu?
– Bleibt er gerne bei dir stehen?
– Streckt er sich dir entgegen, wedelt weich, wirkt offen?
Oder siehst du eher:
– Rückzug, Ausweichen, Kopf wegdrehen?
– Ein kurzes Einfrieren oder beschwichtigendes Lecken?
– Spannung im Körper, wenn du ihn berührst?
Kann dein Hund dein Lob nicht annehmen, wird es auch nichts verstärken. Im Gegenteil: Es kann dazu führen, dass er das gelobte Verhalten seltener zeigt – weil das Lob selbst unangenehm war.

LOB IST MEHR ALS WORTE

Lob kann ein Leckerli sein. Ein gemeinsames Laufspiel. Ein freundliches Schulterstubsen. Oder einfach ein Moment echter Freude, den ihr teilt. Mach dein Lob situativ. Sei kreativ. Und – ganz wichtig – mach es ehrlich! Denn dein Hund merkt, ob du es ernst meinst. Und wenn du ihn wirklich siehst, dann wird Lob wieder das, was es sein soll: eine liebevolle Verstärkung eurer Verbindung.

„Fühlt dein Hund dein Lob, dann braucht er keine Leckerchen, um zu verstehen.“ – Nancy

DIE HALTUNG MACHT DEN UNTERSCHIED

EIN GEFÜHL VON SICHERHEIT
Gegenseitiges Verständnis macht jede Leine zum Zierwerk – nicht zum Zwang.

Die Leine – deine unsichtbare Hand

In der Welt der Hundeerziehung wird die Leine oft als unverzichtbares Werkzeug betrachtet. Und das ist sie auch – zumindest dann, wenn wir sie richtig verstehen.

Denn in ihrer besten Rolle ist sie weit mehr als ein Seil: Sie ist wie eine helfende Hand, die dem Hund Sicherheit gibt. Eine Hand, die führt, begleitet, schützt – aber nicht festhält.
Die Leine sollte dich nicht zum Gegengewicht deines Hundes machen, sondern zur verlässlichen Führung durch schwierige Situationen. Sie ist das Stück Vertrauen, das deinem Hund sagt: *„Ich bin bei dir. Wir gehen da gemeinsam durch.“* Gerade in der Anfangszeit – bei Welpen oder neuen Hunden – gibt sie Orientierung. Sie schützt vor Gefahren und ermöglicht, dass ihr beide miteinander lernen könnt, ohne gleich ins Chaos zu stürzen. Doch wie bei allen Hilfsmitteln kommt es auf das Wie an. Wird die Leine zum Ersatz echter Beziehung und echter Kommunikation, dann schränkt sie euch mehr ein, als sie nützt. Dann wird aus dem Führungsseil eine unsichtbare Fessel. Und plötzlich geht es nicht mehr ums Begleiten, sondern ums Blockieren, Zerren, Zurückhalten, Rucken.

Manchmal entsteht dabei ein kleiner Machtkampf auf drei Metern Nylon. Der Mensch zieht, der Hund zieht – und beide sind genervt. Die Leine wird dann nicht mehr zur Unterstützung, sondern zur täglichen Streitfrage. Der Spaziergang? Eher ein Verhandlungstermin mit integrierter Sporteinheit. Natürlich soll das keine Einladung sein, die Leine immer wegzulassen. Sicherheit geht immer vor! Gerade bei Begegnungen mit Hunden, Wild oder Menschen ist sie wichtig. Aber vielleicht beginnst du, deine Leine neu zu sehen. Als temporäres Werkzeug. Als stützendes Band, nicht als Dauerlösung. Als Einstieg in echte Kommunikation. Trau dich, deinem Hund auch mal etwas zuzutrauen. Lass ihn neben dir laufen – ohne Leine – oder lass die Leine einfach mal los und über den Boden schleifen. Lass deinen Hund zeigen, dass er das kann und die gemeinsamen Momente euch schon mehr zusammengeführt haben. Nicht, indem er wild über die Wiese rennt, sondern indem er mit dir geht, bei dir bleibt, mit dir spielt. Und vertraue darauf, dass Bindung mehr wiegt als jedes Stück Strick.

LASS DIE ENERGIE FLIESSEN

Teste einmal:

– Nimm dir eine*n Partner*in.
– Nimm eine Leine und halte sie mit der Hand fest, gern nur mit dem Zeigefinger und dem Daumen.
– Nun schließ die Augen.
– Dein*e Partner*in nimmt nun die andere Seite der Leine locker über die Hand.
– Nun beginnt er/sie einfach mal Zeigefinger und Daumen zusammenzudrücken – merkst du was? Ja!
– Nun lass die Augen geschlossen und deine*n Partner*in mit der Leine in der Hand „spielen" – die Leine um die Hand wickeln, daran ziehen, damit wackeln.

Was spürst du?

Es ist beeindruckend, wie viel Energie an deiner Hand ankommt. Und genauso viel spürt dein Hund über das Halsband. Oft muss er sich nicht mehr mit dir beschäftigen – er merkt

Kannst du dir vorstellen, wie dein Hund dich anlacht?

ja, dass du da bist – wie eine Hand, die ständig festhält –, da kann man sich auch reinhängen wie ein kleines Kind.

DIE SCHÖNHEIT GEMEINSAMER ENTDECKUNGEN

Eine Situation, die wir oft bei jungen Hunden und ihren Menschen beobachten können: Der Welpe geht voller Neugier durch die Welt und findet ein Blatt. Es fliegt davon und der Welpe ist völlig fokussiert auf dieses kleine Blättchen, das wild umherwirbelt. Die Aufmerksamkeit liegt zu 100 % bei dem wehenden Blatt; der Welpe hüpft voller Freude hinterher und fängt es mit seinen Zähnen. Doch nun kommt der Mensch, dessen größtes Ziel es ist, dass der Hund seine Idee, das Blatt zu verfolgen, aufgibt und sich stattdessen an ihm orientiert. Zuerst blockiert die straffe Leine das Vorhaben des jungen Hundes, dann hebt der Mensch den Welpen hoch, greift ihm ins Maul und entfernt grob das Blatt, das dann so weit weggeworfen wird, dass der junge Hund es hoffentlich nicht mehr erreichen kann. Mit der Zeit wird diese Handlung zu einem verbissenen Kampf: Der Welpe versucht es immer wieder, während der Mensch verzweifelter wird, da er die Natur nicht so bereinigen kann, wie es für die Beziehung vielleicht hilfreich wäre, um keine Ablenkungen mehr zu haben. Verbissenheit bringt hier keinen zum Ziel; sie (zer)stört vielmehr die Bindung und Beziehung, denn meist überwiegt für den Welpen die Freude am „Blödsinn“ – und er nimmt die harten Korrekturen gern in Kauf, bis er abstumpft und vermehrt nach den schönen Erlebnissen ohne seinen Menschen und die Leine sucht. Wie gern würdest du dich als dieser Hund noch an deinem Menschen orientieren?

»Der Hund bietet uns immer wieder seine Ideen an – und wir entscheiden, wie wir damit umgehen.« – Kai

Der kleine Schelm
hat schon wieder neue Ideen.

Schimpfen bringt oft Frust! Besser: Die beiden gehen mal zusammen nachsehen, was Golden Andi da so spannend findet ?

Nicht jedes Verhalten muss sofort unterbunden werden. Manchmal reicht ein Perspektivwechsel – und plötzlich wird aus einer Störung eine Chance. Eine Chance, euch kennenzulernen und gemeinsam zu wachsen. Wir betonen gern das GEMEINSAM – weil wir oft erleben, wie Hund und Mensch zwar zusammen gehen, aber nicht so recht zusammengehören, wie jeder seinen Weg geht –der Hund 10 Meter vorneweg, der Mensch genervt hinterher, im Kopf schon wieder hundert andere Dinge.
Mal anders: Dein Welpe entdeckt ein unfassbar interessantes Blatt, mit dem er spielen will. Warum nimmst du seine Idee nicht an und holst dir dieses Blatt, um gemeinsam mit ihm zu spielen? Lass deinen Hund es fangen, und sucht dann gemeinsam ein zweites Blatt und ein drittes. Der Unterschied ist nun: **Du bist nicht immer dagegen, sondern dafür – für die gemeinsame Zeit, für die Natur, für deinen Hund und für den gemeinsamen Spaß.**
Gleichzeitig kannst du spielerisch die Impulskontrolle und die Frustrationstoleranz deines Hundes fördern. Er darf das Blatt haben, dann wirfst du es ein wenig von dir weg und er soll kurz warten, bis du es freigibst. Anschließend legst du deinen Hund kurz ab, positionierst dich mit dem Blatt ein paar Meter weiter und lässt ihn dann zu dir sausen, um ihn mit einer Handvoll weiterer Blätter zu belohnen. Was glaubst du, wie schnell dein Hund verstehen wird, dass ihr gemeinsam

Fehlverhalten?
Mach doch einen Trick daraus.

„Du kannst nicht alles in der Welt kontrollieren. Aber du kannst entscheiden, ob du dagegen kämpfst oder gemeinsam gestaltest.“ – Nancy

die Welt entdecken könnt und dir immer etwas Spannendes zum Spielen und Beschäftigen einfällt? Genau das ist die Brücke, die der Hund für uns schlägt, und an diesem Punkt zeigt sich auch, wie schmal der Grat ist zwischen Verbindung und Verwirrung.

DIE FALLE DER EXTREME: ALLES VERBIETEN ODER ALLES ERLAUBEN

Ein Hund, dem alles verboten wird, fühlt sich oft eingeschränkt und missverstanden. Er beginnt vielleicht, Regeln als unklar oder willkürlich zu erleben, und könnte in bestimmten Situationen sogar verunsichert oder frustriert reagieren.
Auf der anderen Seite wird ein Hund, dem alles erlaubt wird, möglicherweise Grenzen nicht erkennen und übermäßig fordernd oder unruhig werden. Es entsteht eine Art Chaos, in dem der Hund nicht weiß, wie er sich in bestimmten Situationen verhalten soll. Deshalb ist es entscheidend, dass du als Vertrauensperson die Balance findest. Das bedeutet, zu lernen, nicht in jedem Moment zu befehlen „Nein“ oder „Ja“, sondern unsere Reaktionen bewusst zu steuern und an den richtigen Stellen „Ja“ und an anderen Stellen „Nein“ zu sagen – im Einklang mit dem Hund und in Rücksicht auf die jeweilige Situation.

WAS DEIN HUND WIRKLICH BRAUCHT

Hat dein Hund es gut bei dir getroffen? Führt er ein erfülltes Leben an deiner Seite – vielleicht sogar ein besseres als irgendwo anders? Wenn du diese Frage mit einem klaren „Ja" beantworten kannst, freut mich das von Herzen. Unsere Hunde könnten es wohl auch nicht besser haben.
Aber wenn wir ehrlich sind: Hatten sie jemals wirklich eine Wahl?
Keiner unserer Hunde hat sich bewusst für uns entschieden. Selbst wenn dein Hund damals direkt zu dir kam, auf deinem Schoß eingeschlafen ist oder liebevoll mit dir gekuschelt hat – er konnte sich nicht äußern, keine Entscheidung treffen, keine bewusste Zustimmung geben. Er war einfach da. Und plötzlich war sein Leben ein anderes. Seit diesem Moment muss er sich deiner Welt anpassen – deinem Alltag, deiner Lebensweise, deinem Rhythmus. Egal, ob Stadtwohnung oder Bauernhof, ob mit Kindern, als Einzelhund oder als Teil einer Hundegruppe – er ist bei dir. Und er gibt jeden Tag sein Bestes. Hunde sind unfassbar anpassungsfähig. Sie tragen mit, sie halten aus, sie geben Nähe. Auch wenn du mal einen schlechten Tag hast. Auch wenn du laut warst. Auch wenn du ungeduldig, traurig oder gereizt warst. Und gerade deshalb schulden wir ihnen etwas: keine Perfektion – aber Bewusstheit.

Du musst kein perfekter Mensch sein

Aber du solltest bereit sein, dein Gegenüber zu sehen. Deinen Hund. Mit seinem Charakter, seiner Geschichte, seinen Grenzen. Denn er wird dir selten sagen, dass es zu viel ist. Er wird nicht protestieren wie ein Mensch. Er wird stiller oder lauter. Oder er zeigt Verhaltensweisen, die wir als „Problem" bezeichnen. Dabei spricht er, und wir sollten lernen, besser zuzuhören. Dein Hund braucht keinen perfekten Menschen. Er braucht einen ehrlichen. Einen, der hinsieht, statt zu fordern. Der Grenzen setzt, ohne sie zu brechen. Und der versteht, dass Erziehung kein Projekt ist, sondern Beziehung.
Hunde brauchen realistische Anforderungen – nicht zu viel und nicht zu wenig. Sie wollen erleben, dass sie etwas können. Dass sie gesehen werden. Dass sie dazugehören. Und dafür brauchen sie einen klaren Rahmen,

1 Hunde wünschen sich vermutlich nur eines: gesehen und verstanden zu werden.

2 Es muss nicht alles perfekt sein – es reicht, echt zu sein.

1

der Sicherheit gibt und Freiheit, sich in diesem Rahmen zu entfalten. Also vergiss für einen Moment das Idealbild vom „perfekt erzogenen Hund". Frag dich stattdessen: *„Was braucht mein Hund – von mir, heute, in diesem Moment?"* Und vielleicht wirst du dann spüren: Es ist gar nicht so viel. Ein bisschen Klarheit. Ein bisschen Geduld. Ein bisschen du.

»Ein Hund braucht keine perfekte Welt – er braucht einen Menschen, der ihn sieht, fühlt und führt. Nicht makellos, sondern echt.« – Nancy

2

SEI EIN VORBILD FÜR DEINEN HUND

Hunde lernen am besten durch Wiederholung und klare Strukturen. Deshalb ist es wichtig, ihnen im Alltag nicht einfach die Entscheidung zu überlassen, wo sie hingehen oder wie sie auf bestimmte Situationen reagieren. Stattdessen sollten wir bewusst die Führung übernehmen und unserem Hund oft zeigen, wie er sich in verschiedenen Momenten verhalten kann. Ein gutes Beispiel dafür ist der Umgang mit Joggern, Radfahrern oder Autos. Wenn du dich in solchen Situationen aktiv entscheidest, zur Seite zu gehen, Platz zu machen oder einen Bogen zu laufen, wird dein Hund diese Strategie nach und nach übernehmen. Anfangs braucht es vielleicht noch eine bewusste Anleitung – ein Signal, eine Leinenführung oder eine kurze Erinnerung –, doch je öfter dein Hund diese Verhaltensweise erlebt, desto selbstverständlicher wird sie für ihn. Es wird so zu seiner Wahrheit. Besonders in belebten Umgebungen hilft es, vorausschauend zu handeln. Anstatt deinen Hund in die Versuchung zu bringen, einem sich bewegenden Objekt hinterherzuflitzen, kannst du ihn frühzeitig in eine Position bringen, in der er sich gar nicht erst zum Jogger drängt oder auf direktem Weg zum Radfahrer durchstartet. So wird er lernen, dass das Ausweichen der normale Umgang mit solchen Begegnungen ist. **Diese Art des Vorbildseins stärkt nicht nur die Orientierung des Hundes an dir, sondern sorgt auch für mehr Entspannung im Alltag.** Dein Hund wird sich sicher fühlen, weil er weiß, dass du die Situation regelst und er nicht selbst entscheiden muss, wie er sich verhält. Langfristig wird er durch deine wiederkehrenden Reaktionen instinktiv ausweichen, ohne dass du ihn jedes Mal bewusst daran erinnern musst.

Kleine, konsequente Anpassungen im Alltag können also große Wirkung zeigen – und dein Hund wird durch deine Klarheit und Ruhe lernen, sich sicher und rücksichtsvoll in allen Situationen zu bewegen.

Vorbild sein, zahlt sich aus. Menschen freuen sich darüber und Hunde lernen für den Alltag.

Gemeinsame Ziele, individuelle Wege

Es gibt nur wenige Themen, bei denen so schnell Emotionen hochkochen können, wie bei der Hundeerziehung.

Besonders in Familien, in denen verschiedene Menschen mit unterschiedlichen Herangehensweisen auf einen Hund treffen, können die Meinungsverschiedenheiten schnell zu Spannungen führen. Der Hund steht dabei oft im Mittelpunkt – und das sorgt für Konflikte, die nicht selten den Familienfrieden belasten. Vielleicht bist du in einer ähnlichen Situation, in der du und dein Partner/deine Partnerin, deine Kinder oder andere Familienmitglieder unterschiedliche Vorstellungen haben, wie mit dem Hund umzugehen ist. Doch der Schlüssel zu einer harmonischen Erziehung liegt nicht darin, dass jeder dasselbe tut, sondern dass alle an einem Strang ziehen, während jeder seinen eigenen Weg finden darf.

Hunde spüren Stimmungen – auch die negativen.

ZIELE FORMULIEREN STATT ZU STREITEN

Ein klar definiertes Ziel ist in der Hundeerziehung wichtig. Man sollte wissen, was man erreichen möchte: Möchte man zum Beispiel, dass der Hund ruhig an der Leine läuft, dass er nicht bellt, wenn er allein bleibt, oder dass er bestimmte Kommandos sicher beherrscht? Diese Ziele sind die Grundlage für alles, was kommt, und sie können von allen Familienmitgliedern geteilt werden. Doch wie man dieses Ziel erreicht, muss nicht in jeder Familie gleich sein. In vielen Fällen ist es nicht so sehr der Hund, der das Problem verursacht, sondern vielmehr der Umgang mit ihm. Wenn jeder in der Familie unterschiedliche Ansätze verfolgt, weil man sich nicht auf ein gemeinsames Vorgehen verständigt hat, kann das die Erziehung erschweren und den Hund verwirren. Ein Hund braucht Konsistenz, doch nicht jeder muss den gleichen Stil haben, um zum Ziel zu kommen.

Jeder darf er selbst bleiben – Ziele können besprochen werden.

INDIVIDUELLE WEGE, GEMEINSAME RICHTUNG

Es gibt keinen „richtigen" Weg, wie Hundeerziehung aussehen muss. Der Weg, wie man einem Hund etwas beibringt, kann von Person zu Person ganz unterschiedlich sein. Vielleicht bevorzugt der eine Mensch sanfte Kommunikation und positive Verstärkung, während der andere die Dinge eher direkt angeht. Solange das Ziel dasselbe bleibt, ist der Weg nicht so wichtig. Wichtig ist, dass der Hund mit Geduld und Respekt behandelt wird – und dass alle Familienmitglieder das gleiche Ziel im Blick haben. Einer der häufigsten Fehler in Familien, in denen Hund und Menschen noch nicht auf einer gleichen Wellenlänge sind, ist der Versuch, den/die Partner*in oder das Kind zu überreden, „es auf die eigene Weise zu tun". Statt zu streiten oder zu kritisieren, wie der andere mit dem Hund umgeht, ist es viel produktiver, sich zusammenzusetzen und gemeinsam Ziele zu formulieren.

Wahrt den Familienfrieden und lasst Hundeerziehung nicht zum Streit werden. Denn jeder hat seine eigene Art, mit dem Hund zu kommunizieren – und das ist auch gut so.

Es geht nicht darum, den perfekten Erziehungsstil zu finden, sondern darum, dass alle in der Familie an einem

Strang ziehen. Der Weg bleibt individuell. Der Hund kann hervorragend differenzieren und sich auf verschiedene Personen einlassen. Das zeichnet ihn aus. Also los, hab nur Mut und bleib authentisch bei dir, das wird ihn am meisten überzeugen.
Das Leben mit Hund ist ganz wunderbar und er schlägt für uns auch immer die Brücke zurück in die Natur, zurück zur Einfachheit und ja, auch etwas zurück zur wirklich bedingungslosen Liebe. Wir sind fest davon überzeugt, dass Hunde auch lieben können.
Und jetzt kommt sie, die alles entscheidende Frage … *„Aber was mache ich, wenn …?"*

Theodor und Apollo sind sich da einig.

Vielleicht schwirrt sie dir schon seit ein paar Kapiteln im Kopf herum:
– Was mache ich, wenn der Erzfeind kommt?
– Was mache ich ABER, wenn mein Hund wie verrückt am Geschirr zieht?
– Was mache ich, wenn mein Hund wieder ausrastet?
Unsere Antwort ist so einfach wie klar: Dann lies das Buch nochmal von vorn.

Und die Antwort von Viola B., einer Seminarteilnehmerin: *„Ich habe für Faro eine Motivationsliste geschrieben und mache immer überall Bindungsspiele. Uns macht das eine große Freude. Und ich habe viele Monate damit verbracht, Faro zuzuhören und ihn zu beobachten. Die besten Erfolge haben wir dadurch erzielt, die Bewegungsspiele im Wohnzimmer zu einem Tanz zu machen. Ich nehme die Energie dann mit in den Hausflur und wir machen draußen weiter."*
Denn es geht nicht um das eine Verhalten, das du schnell „wegtrainieren" musst. Es geht um deinen Lebensstil mit Hund. Um deinen Alltag, deine Haltung, deine 95 % positiven Momente, die du sehen, gestalten und erleben darfst.
Wenn du das tust, stellt sich die Frage „Was mache ich, wenn …?" irgendwann nicht mehr. Weil du längst angefangen hast, etwas ganz anderes zu machen: Du lebst mit deinem Hund all das echte und verbundene Leben, dessen Schlüssel du in diesem Buch erhalten hast.

EIN WORT ZUM SCHLUSS

Wenn du bis hierhin gelesen hast, dann danken wir dir von Herzen. Danke, dass du dich auf den Weg gemacht hast.
Danke, dass du bereit bist, nicht nur deinen Hund zu verändern, sondern vor allem deine Sicht auf ihn. Vielleicht ist es dir gar nicht aufgefallen – aber während du dieses Buch gelesen hast, hast du schon begonnen, deinen Blick zu verändern. Du hast dir Fragen gestellt. Du hast dich an Momente erinnert. Vielleicht hast du dich zum ersten Mal gefragt, wie sich Nähe für deinen Hund wirklich anfühlt. Vielleicht hast du zum ersten Mal bemerkt, wie oft du ihn unbeabsichtigt in die Distanz schickst.
Dieses Buch ist ein Perspektivwechsel. Eine Einladung. Ein Anstoßen. Wir wollten dir zeigen, dass du nicht perfekt sein musst, um mit deinem Hund ein starkes Team zu werden. Du musst nicht alles wissen, nicht alles sofort können – du musst nur beginnen, deinen Hund wieder zu sehen. In seinen 95 % – in all dem, was längst da ist, was gut läuft, was getragen ist von Verbindung, Freude und Bereitschaft. Es gibt keine Abkürzung in der Beziehung zwischen Mensch und Hund.

1

Aber es gibt eine Richtung. Und diese Richtung bestimmst du. Jeder Schritt, den du bewusst gehst, jeder Moment, in dem du dich für Verbindung statt Kontrolle entscheidest, jeder Blick, den du erwiderst, wenn dein Hund dich anschaut – das ist der Anfang.
Und falls du dich mal fragst, ob du auf dem richtigen Weg bist, dann schau einfach auf deinen Hund. Er wird es dir zeigen – in seinem Blick, in seiner Bereitschaft, dir zu folgen. In seinem Vertrauen, das er dir immer wieder schenkt.
Denn das ist das größte Geschenk, das unsere Hunde uns machen können: Uns zu folgen, ohne zu müssen, sondern einfach, weil sie es wollen.
In den letzten 5 % der schweren Momente liegt nicht das Problem, sondern die Chance. Und ab heute ist alles möglich. Wir wünschen dir viele wunderbare Momente mit deinem Hund, und schätze und wertschätze die 95 %, in denen du schon den besten Hund der Welt an deiner Seite hast.

In diesem Sinne,
Nancy und Kai
und die ganze Hundebande

2

1 Nancy mit Herzchen Frodo und Seelchen Bolle.

2 Kai mit Geheimwaffe McDreamy und Prinzessin Lisbeth.

SERVICE

ZUM WEITERLESEN AUS DEM KOSMOS-VERLAG

Bloch, Günther (2004): **Der Wolf im Hundepelz.** Hundeerziehung aus unterschiedlichen Perspektiven.

Bloch, Günther und Elli H. Radinger (2010): **Wölfisch für Hundehalter.** Von Alpha, Dominanz und anderen populären Irrtümern.

Gansloßer, Udo und Mechtild Käufer (2020): **Auszeit auf Augenhöhe.** Mensch-Hund-Spiel: Kleiner Einsatz mit großer Wirkung. E-Pub

Gansloßer, Udo und Mechtild Käufer (2022): **Und sie spielen doch!** Die Wissenschaft vom Hundespiel – Kommunikation, Kontext, Konsequenzen.

QUELLE

Zu: Negatives wird intensiver wahrgenommen (S. 22)

Baumeister, R.F., Bratslavsky, E., Finkenauer, C., & Vohs, K.D. (2001): „Bad is stronger than good". Review of General Psychology, 5(4), 323-370.

KONTAKT ZU DEN AUTOREN

Hundetrainer Dresden Kai Hartmann
www.hundetrainer-dd.de

Hier findest du auch die Online-Akademie der Autoren.

Hundeschule & Hundetrainerin Dresden Nancy Wendler
www.nancywendler.de

WEBINARE BEI KOSMOS

Nancy Wendler und Kai Hartmann – Das feine Führen. Teil 1 bis 3

SOCIAL MEDIA

Du möchtest wissen, was los ist? Storys, Webinar-Ankündigungen, Zitate, Buchclips, Gewinnspiele, Take over unserer Autor*innen und vieles mehr findest du unter instagram.com/kosmos.hund und unter facebook.com/Kosmos.Hund

Folge uns und werde Teil unserer Kosmos-Hund-Community.

Vom Müssen zum Wollen

200 Seiten

Kai Hartmanns Erziehung nach der 5er-Basis ist ein schnell umsetzbarer und ganz individueller Weg, mit seinem Hund harmonisch durchs Leben zu kommen. Aufeinander aufbauend lernen Hund und Mensch gemeinsam fünf Handlungsschritte: die Ansprechbarkeit, das Stehen, das Gehen, die Distanz und den Abbruch – und das alles ohne den üblichen „Hundeschulwahnsinn" des Sitz!, Platz! und Bleib! Nach nur fünf Tagen Basistraining und 20 Tagen Verankerung ist der Hund in der Lage, seinen Menschen entspannt durch die Welt zu begleiten.

Register

BILDNACHWEIS

118 Farbfotos wurden von Tobias Roetsch/Kosmos für dieses Buch aufgenommen.
Weitere Farbfotos Yvonne Weihrich (31: S. 4, 16, 20, 23, 35, 41, 51, 55, 57, 59, 64, 68, 69, 82, 83, 84, 92, 98, 103, 106, 108, 113, 120, 125).

IMPRESSUM

Umschlaggestaltung von GRAMISCI Editorialdesign/München, Stefanie Wawer, unter Verwendung von 4 Farbfotos von Tobias Roetsch/Kosmos.

Mit 155 Farbfotos.

Alle Angaben in diesem Buch erfolgen nach bestem Wissen und Gewissen. Sorgfalt bei der Umsetzung ist indes dennoch geboten. Der Verlag und die Autoren übernehmen keinerlei Haftung für Personen-, Sach- oder Vermögensschäden, die aus der Anwendung der vorgestellten Materialien, Methoden oder Informationen entstehen könnten.

Unser gesamtes Programm finden Sie unter **kosmos.de.**
Über Neuigkeiten informieren Sie regelmäßig unsere Newsletter, einfach anmelden unter **kosmos.de/newsletter**

Gedruckt auf chlorfrei gebleichtem Papier

ISBN 978-3-440-18229-1
Redaktion: Hilke Heinemann
Gestaltungskonzept: GRAMISCI Editorialdesign/Cornelia Sekulin, München
Gestaltung und Satz: Atelier Krohmer, Dettingen/Erms
Produktion: Angela List
Druck und Bindung: Westermann Druck Zwickau GmbH, Zwickau
Printed in Germany / Imprimé en Allemagne

FSC www.fsc.org MIX Papier | Fördert gute Waldnutzung FSC® C110508